优质乳工程企业名录
（2023 年）

国家奶业科技创新联盟
中优乳奶业研究院（天津）有限公司 编

中国农业科学技术出版社

图书在版编目（CIP）数据

优质乳工程企业名录. 2023年 / 国家奶业科技创新联盟，中优乳奶业研究院（天津）有限公司编. --北京：中国农业科学技术出版社，2024.1

ISBN 978-7-5116-6481-5

Ⅰ. ①优… Ⅱ. ① ①国… ②中… Ⅲ. ①乳品工业－工业企业－名录－中国－2023 Ⅳ. ①F426.82-62

中国国家版本馆CIP数据核字（2023）第200022号

责任编辑	金 迪
责任校对	贾若妍 李向荣
责任印制	姜义伟 王思文

出 版 者	中国农业科学技术出版社
	北京市中关村南大街12号　邮编：100081
电　　话	（010）82106625（编辑室）（010）82109702（发行部）
	（010）82109709（读者服务部）
网　　址	https:// castp.caas.cn
经 销 者	各地新华书店
印 刷 者	北京建宏印刷有限公司
开　　本	210 mm×285 mm　1/16
印　　张	23
字　　数	453千字
版　　次	2024年1月第1版　2024年1月第1次印刷
定　　价	198.00元

━━ 版权所有·侵权必究 ━━

《优质乳工程企业名录（2023年）》
编委会

主　编　　郑　楠　　张养东
副主编　　孟　璐　　于　静　　刘慧敏
编　委　（按姓氏笔画排序）

马　维	王　震	王小花	王可强	王红坤
王剑铭	王瑞云	史晓光	包和平	冯　晓
兰静秋	西志攀	吕占富	任　伟	刘　聪
刘陈艳	刘俊峰	刘晓辉	孙玉刚	李　成
李建立	李颂群	李雅琦	杨　永	杨　旭
杨　劲	杨　潇	杨爱君	肖　凯	肖松义
吴乘云	何　林	何水双	邹　旸	张　明
张　学	张　琴	张　琳	张凯玲	陈　剑
陈小红	范春刚	林少宝	岳春生	周　颖
周本桂	郑　云	宓艳梅	郎登川	赵广生
赵广英	赵红烨	贲　敏	段玉娟	施　兵
袁雄雄	栾庆刚	高浩樑	郭闯江	唐文浩
黄　锐	黄国旭	戚晓鸿	盛子斌	崔　颖
董　彬	蒋临正	谢朋军	龄　南	简凯乐
樊　利				

优质乳是全球奶业发展的方向，其核心理念是为消费者提供健康安全、低碳绿色、营养鲜活的奶产品。农业农村部积极探索机制创新，2016 年依托中国农业科学院北京畜牧兽医研究所奶业创新团队成立国家奶业科技创新联盟，大力实施优质乳工程，先后完成生乳用途分级、乳品绿色低碳加工工艺、牛奶品质评价等重要技术研究，构建奶业优质绿色发展的核心指标，研发出优质乳工程技术体系，形成了《生乳用途分级技术规范》《特优级生乳》《优质巴氏杀菌乳》《优质超高温瞬时灭菌乳》等产品标准，《奶及奶制品中乳铁蛋白的测定 液相色谱法》《奶及奶制品中 β- 乳球蛋白的测定 液相色谱法》《巴氏杀菌乳中碱性磷酸酶活性的测定 发光法》等检测技术标准，《优质生乳生产技术规范》《优质巴氏杀菌乳生产技术规范》《优质超高温瞬时灭菌乳生产技术规范》等过程保障标准，共 66 项技术规范标准，为优质乳工程提供了坚实的基础。

国家奶业科技创新联盟制定了《优质乳工程管理办法》，规定了奶源、工艺、产品、贮存、运输等均符合优质乳工程技术体系要求的企业和产品才能通过优质乳工程验收，同时为保证产品品质的稳定性，所有通过验收的产品每年均要进行两次第三方抽检，每两年进行一次全面复评审。从 2016 年至今，申请加入优质乳工程的企业共 71 家，分布在全国 28 个省（自治区、直辖市），其中 41 家企业 196 款产品通过优质乳工程验收，包括巴氏杀菌乳和 UHT 灭菌乳。每一个通过优质乳工程验收企业具有唯一优质乳工程企业编号，每一款通过优质乳工程验收的产品具有唯一优质乳产品编号。本书从以下方面对通过优质乳工程验收的企业和产品进行详细介绍：

- 企业介绍
- 优质乳工程产品介绍
- 优质乳工程启动
- 优质乳工程验收
- 优质乳工程复评审验收
- 优质乳工程抽检
- 开展的优质乳工程活动

优质乳工程技术体系实施进展

28个省份，71家企业实施，41家通过验收

 通过验收企业名单：

1. 昆明雪兰牛奶有限责任公司 — 云南
2. 福建长富乳品有限公司 — 福建
3. 辽宁越秀辉山控股股份有限公司 — 辽宁
4. 重庆市天友乳业股份有限公司 — 重庆
5. 杭州新希望双峰乳业有限公司 — 浙江
6. 中垦华山牧乳业有限公司 — 陕西
7. 光明乳业股份有限公司华东中心工厂 — 上海
8. 上海乳品四厂有限公司 — 上海
9. 上海永安乳品有限公司 — 上海
10. 浙江省杭江牛奶公司乳品厂 — 浙江
11. 南京光明乳品有限公司 — 江苏
12. 广州光明乳品有限公司 — 广东
13. 北京光明健能乳业有限公司 — 北京
14. 成都光明乳业有限公司 — 四川
15. 武汉光明乳品有限公司 — 湖北
16. 河北新希望天香乳业有限公司 — 河北
17. 四川新华西乳业有限公司 — 四川
18. 青岛新希望琴牌乳业有限公司 — 山东
19. 广东燕塘乳业股份有限公司 — 广东
20. 广州风行乳业股份有限公司 — 广东
21. 山东得益乳业股份有限公司 — 山东
22. 安徽新希望白帝乳业有限公司 — 安徽
23. 南京卫岗乳业有限公司 — 江苏
24. 湖南新希望南山液态乳业有限公司 — 湖南
25. 河南花花牛乳业集团股份有限公司 — 河南
26. 现代牧业（蚌埠）有限公司 — 安徽
27. 现代牧业（塞北）有限公司 — 河北
28. 新希望双喜乳业（苏州）有限公司 — 江苏
29. 西昌新希望三牧乳业有限公司 — 四川
30. 广东温氏乳业股份有限公司 — 广东
31. 扬州市扬大康源乳业有限公司 — 江苏
32. 兰州庄园牧场股份有限公司 — 甘肃
33. 贵州好一多乳业股份有限公司 — 贵州
34. 湛江燕塘乳业有限公司 — 广东
35. 甘肃祁牧乳业有限责任公司 — 甘肃
36. 四川雪宝乳业集团有限公司 — 四川
37. 浙江一鸣食品股份有限公司 — 浙江
38. 山西九牛牧业股份有限公司 — 山西
39. 浙江美丽健乳业有限公司 — 浙江
40. 皇氏集团湖南优氏乳业有限公司 — 湖南
41. 天津海河乳品有限公司 — 天津

 **正在实施优质乳工程的企业：**

1. 新疆天润生物科技股份有限公司 — 新疆
2. 云南乍甸乳业有限责任公司 — 云南
3. 广泽乳业有限公司 — 吉林
4. 湖北俏牛儿牧业有限公司 — 湖北
5. 杭州味全食品有限公司 — 浙江
6. 湖南优卓食品科技有限公司 — 湖南
7. 石家庄君乐宝乳业有限公司 — 河北
8. 贵州南方乳业股份有限公司 — 贵州
9. 临沂格瑞食品有限公司 — 山东
10. 大同市牧同乳业有限公司 — 山西
11. 黑龙江飞鹤乳业有限公司 — 黑龙江
12. 安徽曦强乳业集团有限公司 — 安徽
13. 中宁县黄河乳制品有限公司 — 宁夏
14. 邯郸市康诺食品有限公司 — 河北
15. 城步彝牧牧业有限公司 — 湖南
16. 山东德正乳业股份有限公司 — 山东
17. 新疆瑞源乳业有限公司 — 新疆
18. 新疆西域春乳业有限责任公司 — 新疆
19. 福建驼能生物科技有限公司 — 福建
20. 廊坊味全食品有限公司 — 河北
21. 天津富优农业科技有限公司 — 天津
22. 和田西域春乳业有限公司 — 新疆
23. 湖南金健乳业有限公司 — 湖南
24. 弗里生（天津）乳制品有限公司中优乳分公司 — 天津
25. 江苏一鸣食品股份有限公司 — 江苏
26. 甘肃传祁乳业有限公司 — 甘肃
27. 广西皇氏乳业有限公司 — 广西
28. 西藏高原之宝牦牛乳业股份有限公司 — 西藏
29. 青海高原之宝牦牛乳业有限公司 — 青海
30. 若尔盖高原之宝牦牛乳营养食品股份有限公司 — 四川

目 录

新希望乳业股份有限公司 …………………………………………… 001

福建长富乳品有限公司 ……………………………………………… 067

辽宁辉山乳业集团（沈阳）有限公司 ……………………………… 087

重庆市天友乳业股份有限公司 ……………………………………… 095

中垦华山牧乳业有限公司 …………………………………………… 105

光明乳业股份有限公司 ……………………………………………… 119

广东燕塘乳业股份有限公司 ………………………………………… 167

广州风行乳业股份有限公司 ………………………………………… 185

山东得益乳业股份有限公司 ………………………………………… 195

南京卫岗乳业有限公司 ……………………………………………… 207

河南花花牛乳业集团股份有限公司 ………………………………… 217

现代牧业（集团）有限公司 ………………………………………… 231

广东温氏乳业股份有限公司 ………………………………………… 241

扬州市扬大康源乳业有限公司 ……………………………………… 249

兰州庄园牧场股份有限公司……………………………………………… 257

贵州好一多乳业股份有限公司…………………………………………… 269

湛江燕塘乳业有限公司…………………………………………………… 277

甘肃祁牧乳业有限责任公司……………………………………………… 285

四川雪宝乳业集团有限公司……………………………………………… 293

浙江一鸣食品股份有限公司……………………………………………… 301

山西九牛牧业股份有限公司……………………………………………… 315

美丽健乳业集团有限公司………………………………………………… 325

皇氏集团湖南优氏乳业有限公司………………………………………… 333

天津海河乳品有限公司…………………………………………………… 347

新希望乳业

新鲜一代的选择

企 业 名 称： 新希望乳业股份有限公司

优质乳企业编号： CEMA-N001（昆明雪兰）

CEMA-N006（杭州双峰）

CEMA-N007（四川新华西）

CEMA-N009（青岛琴牌）

CEMA-N013（河北天香）

CEMA-N014（苏州双喜）

CEMA-N024（西昌三牧）

CEMA-N026（安徽白帝）

CEMA-N028（湖南南山）

法 定 代 表 人： 席 刚

企 业 地 址： 四川省成都市锦江区金石路366号新希望中鼎国际2栋

新希望乳业股份有限公司（以下简称"新希望乳业"）成立于 2006 年，隶属于新希望集团有限公司。新希望乳业旗下现有 16 家乳制品加工厂、13 个自有牧场，其中 9 家加工厂是优质乳生产企业。新希望乳业构建了以"鲜战略"为核心价值的城市型乳企联合舰队。

新希望乳业股份有限公司

一、昆明雪兰牛奶有限责任公司

（一）企业介绍

昆明雪兰牛奶有限责任公司（以下简称"昆明雪兰"）是新希望集团旗下的全资子公司，现生产加工能力为日产乳品500吨，昆明市场产品占有率达65%以上。

昆明雪兰牛奶有限责任公司工厂

昆明雪兰牛奶商标

（二）优质乳工程产品介绍

昆明雪兰共有 5 款巴氏杀菌产品通过国家优质乳工程验收。雪兰优质乳产品对应 2 家供应优质奶源牧场和 3 条巴氏杀菌生产线，优质乳产品生产线有"南华 6 吨巴氏杀菌生产线，加工工艺 75℃/15s""南华 8 吨巴氏杀菌生产线，加工工艺 75℃/15s"和"七彩云工厂 5 吨巴氏杀菌生产线，加工工艺 75℃/15s"。

昆明雪兰优质乳生产线名称及编号

序号	企业名称	优质乳生产线名称	加工工艺	生产线编号
1	昆明雪兰牛奶有限责任公司	南华 6 吨巴氏杀菌生产线	75℃/15s	CEMA-N001PL01
2		南华 8 吨巴氏杀菌生产线	75℃/15s	CEMA-N001PL02
3		七彩云工厂 5 吨巴氏杀菌生产线	75℃/15s	CEMA-N001PL03

昆明雪兰优质乳生产线名称及编号

序号	企业名称	优质乳生产线名称	产品编号
1	昆明雪兰牛奶有限责任公司	新希望雪兰 24 小时鲜牛乳 250g 屋顶盒	CEMA-N00101PM
2		新希望雪兰 24 小时鲜牛乳 950g 屋顶盒	CEMA-N00102PM
3		新希望雪兰 24 小时鲜牛乳 200g 玻璃瓶	CEMA-N00103PM
4		新希望雪兰黄金 24 小时鲜牛乳 200mL 屋顶盒	CEMA-N00104PM
5		新希望雪兰黄金 24 小时鲜牛乳 950mL 屋顶盒	CEMA-N00105PM

优 质 乳 产 品 名 称 新希望雪兰 24 小时鲜牛乳 250g 屋顶盒
优 质 乳 产 品 编 号 CEMA-N00101PM
验 收 时 间 2016 年 09 月 06 日
第一次复评审时间 2018 年 11 月 04 日
第二次复评审时间 2020 年 08 月 05 日
第 一 次 抽 检 时 间 2019 年 10 月 23 日
第 二 次 抽 检 时 间 2020 年 04 月 11 日
第 三 次 抽 检 时 间 2021 年 01 月 11 日
第 四 次 抽 检 时 间 2021 年 10 月 20 日
第 五 次 抽 检 时 间 2022 年 06 月 17 日
第 六 次 抽 检 时 间 2022 年 11 月 08 日
第 七 次 抽 检 时 间 2023 年 05 月 10 日
所有指标均符合《优质巴氏杀菌乳》标准

优质乳产品名称	新希望雪兰 24 小时鲜牛乳 950g 屋顶盒
优质乳产品编号	CEMA-N00102PM
验收时间	2016 年 09 月 06 日
第一次复评审时间	2018 年 11 月 04 日
第二次复评审时间	2020 年 08 月 05 日
第一次抽检时间	2019 年 10 月 23 日
第二次抽检时间	2020 年 04 月 11 日
第三次抽检时间	2021 年 01 月 11 日
第四次抽检时间	2021 年 10 月 20 日
第五次抽检时间	2022 年 06 月 17 日
第六次抽检时间	2022 年 11 月 08 日
第七次抽检时间	2023 年 05 月 10 日

所有指标均符合《优质巴氏杀菌乳》标准

优质乳产品名称	新希望雪兰 24 小时鲜牛乳 200g 玻璃瓶
优质乳产品编号	CEMA-N00103PM
验收时间	2021 年 01 月 11 日
第一次抽检时间	2021 年 01 月 11 日
第二次抽检时间	2021 年 10 月 20 日
第三次抽检时间	2022 年 06 月 17 日
第四次抽检时间	2022 年 11 月 08 日
第五次抽检时间	2023 年 05 月 10 日

所有指标均符合《优质巴氏杀菌乳》标准

优质乳产品名称	新希望雪兰黄金 24 小时鲜牛乳 200mL 屋顶盒
优质乳产品编号	CEMA-N00104PM
验收时间	2021 年 10 月 20 日
第一次抽检时间	2021 年 10 月 20 日
第二次抽检时间	2022 年 06 月 17 日
第三次抽检时间	2022 年 11 月 08 日
第四次抽检时间	2023 年 05 月 10 日

所有指标均符合《优质巴氏杀菌乳》标准

优质乳产品名称	新希望雪兰黄金 24 小时鲜牛乳 950g 屋顶盒
优质乳产品编号	CEMA-N00105PM
验 收 时 间	2021 年 10 月 20 日
第 一 次 抽 检 时 间	2021 年 10 月 20 日
第 二 次 抽 检 时 间	2022 年 06 月 17 日
第 三 次 抽 检 时 间	2022 年 11 月 08 日
第 四 次 抽 检 时 间	2023 年 05 月 10 日

所有指标均符合《优质巴氏杀菌乳》标准

（三）优质乳工程启动

2015 年初，昆明雪兰作为新希望乳业股份有限公司旗下第一家公司向国家奶业科技创新联盟提交申请表和企业生产情况调查表等材料，申请实施优质乳工程。经过专家的调研与技术指导，昆明雪兰于 2015 年 4 月全面启动实施优质乳工程。

昆明雪兰关于成立优质乳工程小组的通知　　国家奶业科技创新联盟副理事长顾佳升在昆明雪兰工厂指导

（四）优质乳工程验收

根据《优质乳工程管理办法》的相关规定，国家奶业科技创新联盟 2016 年 9 月开始对昆明雪兰工厂及相关牧场开展了验证和现场验收，包括产品的奶源（牧场）、加工前奶源的投料罐和每种优质乳产品的验证；所有生产优质乳产品生产线的保留时间和保存温度的验证；优质乳产品储藏、运输和销售终端冷链温度的验证；牧场奶源生产管理情况、加工厂工艺参数控制、产品质量控制情况的现场查看和记录验证等。

2016 年 9 月 6 日，国家奶业科技创新联盟组织专家听取昆明雪兰企业汇报。昆明雪兰在实施优质乳工程期间，建立了《雪兰优质乳加工管理手册》《冷藏乳制品贮运销售卫生规范》《巴氏杀菌机设备稳定性测试方法》和《奶源质量过程控制操作规范》等一整套优质乳

昆明雪兰牛奶有限责任公司优质乳工程验收会（2016 年 9 月 6 日）

生产加工标准规范，为全国优质乳工程推行实施开创先河。专家组宣布昆明雪兰奶源、工艺和产品符合《优质乳工程管理办法》验收标准，通过优质乳工程的验收决议。由此，昆明雪兰成为首家通过优质乳工程验收的企业。

昆明雪兰牛奶有限责任公司通过优质乳工程验收新闻发布会（2016 年 9 月 6 日）

新希望 24 小时屋顶盒优质乳生产线

（五）优质乳工程复评审验收

根据《优质乳工程管理办法》的相关规定，国家奶业科技创新联盟2018年对昆明雪兰开展了复评审验收，奶源、生产线、产品及储运环节等与验收要求一致。

2018年11月4日，国家奶业科技创新联盟组织专家听取企业汇报，宣布其奶源符合《优质生乳》（MRT/B 01—2018）中特优级生乳的规定，工艺和产品符合《优质巴氏杀菌乳》（MRT/B 02—2018）的规定，昆明雪兰巴氏杀菌项目通过优质乳工程等次复评审验收。

2020年8月5日，国家奶业科技创新联盟组织专家线上听取了企业汇报，查阅复评审检测结果，宣布奶源符合《生乳用途分级技术规范》（T/TDSTIA 001—2019）的规定、工艺符合《优质巴氏杀菌乳加工工艺技术规范》（T/TDSTIA 011—2019）的规定、巴氏杀菌乳产品符合《优质巴氏杀菌乳》（T/TDSTIA 004—2019）的规定：糠氨酸≤12mg/100g蛋白质，乳铁蛋白≥25mg/L，β-乳球蛋白≥2 200mg/L，昆明雪兰巴氏杀菌产品通过优质乳工程第二次复评审验收。自此，昆明雪兰成为首家通过第二次复评审验收的企业。

昆明雪兰牛奶有限责任公司第一次复评审会议
（2018年11月4日）

昆明雪兰牛奶有限责任公司第二次复评审现场会
（2020年8月5日）

（六）优质乳工程抽检

根据《优质乳工程管理办法》规定，国家奶业科技创新联盟于2019年10月、2020年4月、2021年1月和2021年10月、2022年6月、2022年11月和2023年5月对昆明雪兰开展了抽检工作。

参加抽检的5款优质乳工程产品各项指标符合《优质巴氏杀菌乳》（T/TDSTIA 004—2019）的规定：糠氨酸≤12mg/100g蛋白质，乳铁蛋白≥25mg/L，β-乳球蛋白≥2 200mg/L。

（七）企业开展的优质乳工程活动

1. 举办第五届中国优质乳工程巴氏鲜奶发展论坛

2017年7月，第五届中国优质乳工程巴氏鲜奶发展论坛诚邀全国乃至世界级的权威专家、企业参与盛典，共话"优质乳"。不仅促进优质乳的新发展，更为中国乳品行业的发展提供一个"蓄水池"，在此期间，消费者再一次加深了对优质乳的认知。

第一届至第五届"中国好鲜奶·新鲜盛典"

2. 昆明雪兰荣获优质乳工程科普贡献奖

2019年5月5日，第六届"奶牛营养与牛奶质量"国际研讨会上，昆明雪兰牛奶有限责任公司荣获"优质乳工程科普贡献奖"。

昆明雪兰牛奶有限责任公司荣获"优质乳工程科普贡献奖"

3. 昆明雪兰被授予"优质乳工程助力健康中国先进企业"

2021年4月在国家奶业科技创新联盟工作会议上昆明雪兰牛奶有限责任公司被授予"优质乳工程助力健康中国先进企业"。

4. 昆明雪兰获得"优质乳工程助力国民营养计划功臣企业奖"

2022年11月25日为表彰在优质乳工程助力国民营养健康中做出突出贡献的企业，国家奶业科技创新联盟设立"优质乳工程助力国民营养计划功臣企业奖"。昆明雪兰牛奶有限责任公司获"优质乳工程助力国民营养计划功臣企业奖"。

昆明雪兰牛奶有限责任公司荣获
"优质乳工程助力健康中国先进企业"

昆明雪兰牛奶有限责任公司荣获
"优质乳工程助力国民营养计划功臣企业奖"

5. 提升检测能力

昆明雪兰从2016年4月起安排人员积极参加农业农村部奶及奶制品质量安全监督检验测试中心（北京）组织的牛奶中糠氨酸、乳果糖、乳铁蛋白、α-乳白蛋白和β-乳球蛋白等指标检测技术现场培训，具备优质乳产品核心指标的检测能力。

昆明雪兰检测人员进行检测考核

昆明雪兰检测人员参加检测能力比对验证

2020年8月5日昆明雪兰工厂实验室通过了中国合格评定国家认可委员会糠氨酸检测项目的CNAS认可检测能力。

2023年6月25日昆明雪兰工厂实验室通过了中国合格评定国家认可委员会乳铁蛋白、β-乳球蛋白、免疫球蛋白检测项目的CNAS认可检测能力。

昆明雪兰工厂实验室糠氨酸项目检测能力通过中国合格评定国家认可委员会CNAS认可

6. 宣传优质乳活动情况

昆明雪兰从2017年起针对小朋友及家长开展了雪兰万人见证优质乳—食育教育项目宣传活动，截至2020年接待人次突破10万人，并且线上线下多维度立体传播，引导消费者正确消费优质乳。

昆明雪兰万人见证优质乳工厂、牧场游活动

2020年3月雪兰对工艺进行优化升级，将杀菌温度由80℃降低至75℃，进行了鲜活升级的云发布。

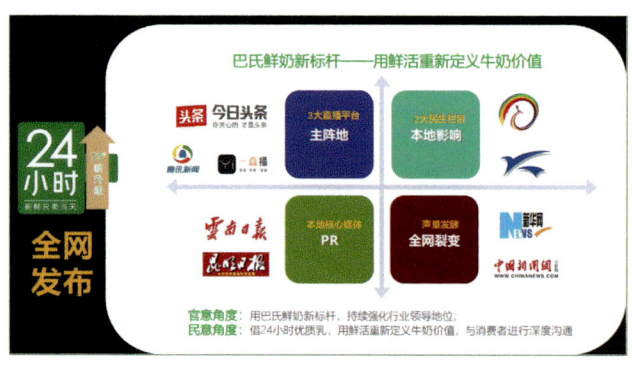 

昆明雪兰工厂鲜活升级产品云发布平台　　　　昆明雪兰工厂黄金24小时发布会内容

2021年6月3日雪兰再次对工艺进行优化升级，将杀菌温度由75℃降低至72℃，发布黄金24小时鲜牛奶产品。

昆明雪兰升级产品黄金24小时鲜牛奶产品　　　　昆明雪兰工厂黄金24小时发布会内容

昆明雪兰工厂黄金24小时发布会现场互动活动

二、杭州新希望双峰乳业有限公司

（一）企业介绍

杭州新希望双峰乳业有限公司（以下简称"杭州双峰"）是新希望集团下属的具有独立法人资格的全资子公司。生产加工能力为日产乳品 300 吨。

杭州新希望双峰乳业有限公司

杭州双峰牛奶商标

（二）优质乳工程产品介绍

杭州双峰共有 1 家牧场和 2 条生产线供应优质乳生产，优质乳产品当前采用的是 75℃/15s 和 72℃/15s 巴氏杀菌工艺，最大程度保留牛奶中的活性营养物质。优质乳产品生产线为"宋泰 10 吨巴氏杀菌生产线，加工工艺 75℃/15s"和"72℃/15s 巴氏杀菌工艺"。灌装机为美国唯绿屋顶盒设备。

杭州双峰优质乳生产线名称及编号

序号	企业名称	优质乳生产线名称	加工工艺	生产线编号
1	杭州新希望双峰乳业有限公司	宋泰 10 吨巴氏杀菌生产线	75℃/15s；72℃/15s	CEMA-N006PL01

杭州双峰优质乳产品名称及编号

序号	企业名称	产品名称	优质乳产品编号
1	杭州新希望双峰乳业有限公司	新希望黄金 24 小时鲜牛乳 200mL 屋顶盒	CEMA-N00603PM
2		新希望黄金 24 小时鲜牛乳 950mL 屋顶盒	CEMA-N00604PM

优 质 乳 产 品 名 称　新希望黄金 24 小时鲜牛乳 200mL 屋顶盒
优 质 乳 产 品 编 号　CEMA-N00603PM
验　收　时　间　2023 年 03 月 02 日
第 一 次 抽 检 时 间　2023 年 03 月 02 日
第 二 次 抽 检 时 间　2023 年 07 月 11 日
所有指标均符合《优质巴氏杀菌乳》标准

优 质 乳 产 品 名 称　新希望黄金 24 小时鲜牛乳 950mL 屋顶盒
优 质 乳 产 品 编 号　CEMA-N00604PM
验　收　时　间　2023 年 03 月 02 日
第 一 次 抽 检 时 间　2023 年 03 月 02 日
第 二 次 抽 检 时 间　2023 年 07 月 11 日
所有指标均符合《优质巴氏杀菌乳》标准

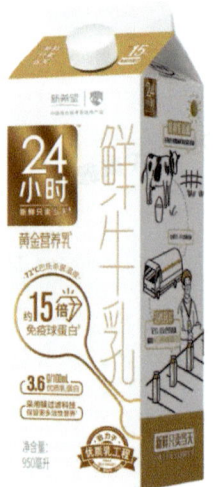

（三）优质乳工程启动

2016年10月，杭州双峰向国家奶业科技创新联盟提交申请表和企业生产情况调查表等材料，申请实施优质乳工程。经过专家的调研与技术指导，杭州双峰于2017年1月全面启动实施优质乳工程。

（四）优质乳工程验收

根据《优质乳工程管理办法》的相关规定，国家奶业科技创新联盟2017年3月对杭州双峰开展了验证和现场验收，包括产品的奶源（牧场）、加工前奶源的投料罐和每种优质乳产品的验证；所有生产优质乳产品生产线的保留时间和保持温度的验证；优质乳产品储藏、运输和销售终端冷链温度的验证；牧场奶源生产管理情况、加工厂工艺参数控制、产品质量控制情况的现场查看和记录验证等。

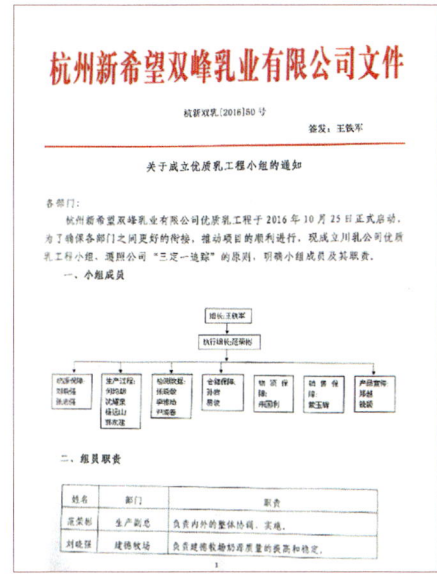

杭州双峰关于成立优质乳工程小组的通知

2017年3月19日，国家奶业科技创新联盟组织专家听取杭州双峰企业汇报，专家组宣布杭州双峰奶源、工艺和产品符合《优质乳工程管理办法》验收标准，通过优质乳工程的验收。

杭州新希望双峰乳业有限公司优质乳工程验收会
（2017年3月19日）

杭州新希望双峰乳业有限公司通过验收新闻发布会
（2017年3月20日）

（五）优质乳工程复评审验收

杭州新希望双峰乳业优质乳工程复评审验收（2020年8月26日）

根据《优质乳工程管理办法》的相关规定，国家奶业科技创新联盟2020年对杭州双峰开展了复评审验收，奶源、生产线、产品及储运环节等与验收要求一致。

2020年8月，国家奶业科技创新联盟组织专家线上听取了企业汇报，查阅复评审检测结果，宣布其奶源符合《生乳用途分级技术规范》（T/TDSTIA 001—2019）的规定、工艺符合《优质巴氏杀菌乳加工工艺技术规范》（T/TDSTIA 011—2019）的规定、巴氏杀菌乳产品符合《优质巴氏杀菌乳》（T/TDSTIA 004—2019）的规定：糠氨酸≤12mg/100g蛋白质，乳铁蛋白≥25mg/L，β-乳球蛋白≥2 200mg/L，宣布杭州双峰巴氏杀菌产品通过优质乳工程第一次复评审验收。

杭州新希望双峰乳业优质乳工程复评审验收（2022年9月23日）

2022年9月，国家奶业科技创新联盟组织专家现场听取了企业汇报，查阅复评审检测结果，宣布其奶源符合《生乳用途分级技术规范》（T/TDSTIA 001—2019）的规定、工艺符合《优质巴氏杀菌乳加工工艺技术规范》（T/TDSTIA 011—2019）的规定、巴氏杀菌乳产品符合《优质巴氏杀菌乳》（T/TDSTIA 004—2019）的规定：糠氨酸≤12mg/100g 蛋白质，乳铁蛋白≥25mg/L，β-乳球蛋白≥2 200mg/L，宣布杭州双峰巴氏杀菌产品通过优质乳工程第二次复评审验收。

（六）优质乳工程抽检

根据《优质乳工程管理办法》规定，国家奶业科技创新联盟在2019年5月、2020年9月、2020年12月、2021年10月、2022年5月、2022年9月、2023年3月和2023年7月对杭州双峰开展了抽检工作。

参加抽检的两款优质乳工程产品各项指标符合《优质巴氏杀菌乳》(T/TDSTIA 004—2019)的规定：糠氨酸≤12mg/100g 蛋白质，乳铁蛋白≥25mg/L，β-乳球蛋白≥2 200mg/L。

（七）企业开展的优质乳工程活动

1. 提升检测能力

杭州双峰从2018年起每年安排人员积极参加农业农村部奶及奶制品质量安全监督检验测试中心（北京）组织的牛奶中糠氨酸、乳果糖、乳铁蛋白、α-乳白蛋白和β-球蛋白等指标检测技术现场培训，具备优质乳品核心指标的检测能力。

杭州双峰检测人员进行优质乳样品检测

2. 宣传优质乳活动情况

(1) 杭州双峰从2017年起针对小朋友及家长开展了"食育教育"及"优质乳透明工厂游"科普宣传活动，引导消费者正确了解优质乳、消费优质乳。

杭州双峰"食育教育"及"优质乳透明工厂游"活动现场

（2）宣传设立店中店、形象店打造宣传优质乳活性营养。

现场宣传展板 1

现场宣传展板 2

3. 杭州新希望双峰乳业被授予优质乳工程助力健康中国先进企业

2021 年新希望双峰乳业有限公司被授予"优质乳工程助力健康中国先进企业"。
2022 年新希望双峰乳业有限公司获"优质乳工程助力国民营养计划功臣企业奖"。

杭州新希望双峰乳业荣获
"优质乳工程助力健康中国先进企业"

杭州新希望双峰乳业荣获
"优质乳工程助力国民营养计划功臣企业奖"

三、四川新华西乳业有限公司

（一）企业介绍

四川新华西乳业有限公司（以下简称"四川新华西"）是四川省乃至西南地区最大的单体低温乳制品工厂，巴氏杀菌乳在成都市场的占有率超过 60%。

四川新华西乳业有限公司工厂

四川新华西牛奶商标

（二）优质乳工程产品介绍

四川新华西共有 7 款巴氏杀菌产品通过国家优质乳工程验收。四川新华西优质乳产品对应 3 家供应优质奶源牧场和 1 条巴氏杀菌生产线，优质乳产品生产线有"10 吨巴氏杀菌生产线，加工工艺 75℃/15s、72℃/15s"。

四川新华西优质乳生产线名称及编号

序号	企业名称	优质乳生产线名称	加工工艺	生产线编号
1	四川新华西乳业有限公司	10 吨巴氏杀菌生产线	75℃/15s	CEMA-N007PL01
2			72℃/15s	

四川新华西优质乳产品名称及编号

序号	企业名称	产品名称	优质乳产品编号
1	四川新华西乳业有限公司	新希望黄金 24 小时鲜牛乳 950mL 屋顶盒	CEMA-N00701PM
2		新希望华西 24 小时鲜牛乳 950mL 屋顶盒	CEMA-N00702PM
3		新希望华西 24 小时鲜牛乳 500mL 屋顶盒	CEMA-N00703PM
4		新希望华西 24 小时铂金全优乳鲜牛乳 950mL 屋顶盒	CEMA-N00704PM
5		新希望华西 24 小时鲜牛乳（限定娟姗乳）720mL 屋顶盒	CEMA-N00705PM
6		新希望华西 24 小时鲜牛乳（限定娟姗乳）200mL 屋顶盒	CEMA-N00706PM
7		新希望华西黄金 24 小时鲜牛奶 250mL 利乐冠	CEMA-N00707PM

优 质 乳 产 品 名 称 新希望黄金 24 小时鲜牛乳 950mL 屋顶盒
优 质 乳 产 品 编 号 CEMA-N00701PM
验　　收　　时　　间 2017 年 03 月 27 日
第一次复评审时间 2020 年 09 月 06 日
第二次复评审时间 2022 年 09 月 23 日
第 一 次 抽 检 时 间 2019 年 06 月 13 日
第 二 次 抽 检 时 间 2020 年 06 月 11 日
第 三 次 抽 检 时 间 2020 年 12 月 07 日
第 四 次 抽 检 时 间 2021 年 10 月 16 日
第 五 次 抽 检 时 间 2022 年 04 月 22 日
第 六 次 抽 检 时 间 2022 年 10 月 22 日
第 七 次 抽 检 时 间 2023 年 04 月 13 日
所有指标均符合《优质巴氏杀菌乳》标准

优质乳产品名称	新希望华西 24 小时鲜牛乳 950mL 屋顶盒
优质乳产品编号	CEMA-N00702PM
验收时间	2017 年 03 月 27 日
第一次复评审时间	2020 年 09 月 06 日
第二次复评审时间	2022 年 09 月 23 日
第一次抽检时间	2019 年 06 月 13 日
第二次抽检时间	2020 年 06 月 11 日
第三次抽检时间	2020 年 12 月 07 日
第四次抽检时间	2021 年 10 月 16 日
第五次抽检时间	2022 年 04 月 22 日
第六次抽检时间	2022 年 10 月 22 日
第七次抽检时间	2023 年 04 月 13 日

所有指标均符合《优质巴氏杀菌乳》标准

优质乳产品名称	新希望华西 24 小时鲜牛乳 500mL 屋顶盒
优质乳产品编号	CEMA-N00703PM
验收时间	2020 年 06 月 11 日
第一次复评审时间	2020 年 09 月 06 日
第二次复评审时间	2022 年 09 月 23 日
第一次抽检时间	2020 年 06 月 11 日
第二次抽检时间	2020 年 12 月 07 日
第三次抽检时间	2021 年 10 月 16 日
第四次抽检时间	2022 年 04 月 22 日
第五次抽检时间	2022 年 10 月 22 日
第六次抽检时间	2023 年 04 月 13 日

所有指标均符合《优质巴氏杀菌乳》标准

优质乳产品名称	新希望华西 24 小时铂金全优乳鲜牛乳 950mL 屋顶盒
优质乳产品编号	CEMA-N00704PM
验收时间	2021 年 12 月 12 日
第一次复评审时间	2022 年 09 月 23 日
第一次抽检时间	2021 年 12 月 12 日
第二次抽检时间	2022 年 04 月 22 日
第三次抽检时间	2022 年 10 月 22 日
第四次抽检时间	2023 年 04 月 13 日

所有指标均符合《优质巴氏杀菌乳》标准

优质乳产品名称 新希望华西 24 小时鲜牛乳（限定娟姗乳）720mL 屋顶盒
优质乳产品编号 CEMA-N00705PM
验 收 时 间 2022 年 10 月 30 日
第 一 次 抽 检 时 间 2022 年 10 月 30 日
第 二 次 抽 检 时 间 2023 年 04 月 13 日
所有指标均符合《优质巴氏杀菌乳》标准

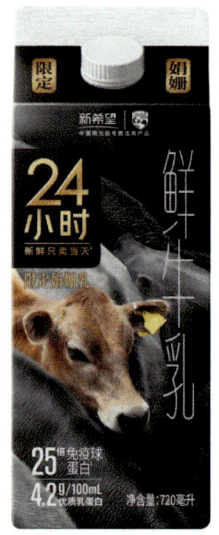

优质乳产品名称 新希望华西 24 小时鲜牛乳（限定娟姗乳）200mL 屋顶盒
优质乳产品编号 CEMA-N00706PM
验 收 时 间 2022 年 12 月 09 日
第 一 次 抽 检 时 间 2022 年 12 月 09 日
第 二 次 抽 检 时 间 2023 年 04 月 13 日
所有指标均符合《优质巴氏杀菌乳》标准

优质乳产品名称 新希望华西黄金 24 小时鲜牛奶 250mL 利乐冠
优质乳产品编号 CEMA-N00707PM
验 收 时 间 2023 年 04 月 13 日
第 一 次 抽 检 时 间 2023 年 04 月 13 日
所有指标均符合《优质巴氏杀菌乳》标准

（三）优质乳工程启动

2016年初，四川新华西向国家奶业科技创新联盟提出实施优质乳工程的意愿，并提交申请表和企业生产情况调查表等材料。经过专家的调研与技术指导，四川新华西于2016年11月全面启动实施优质乳工程。

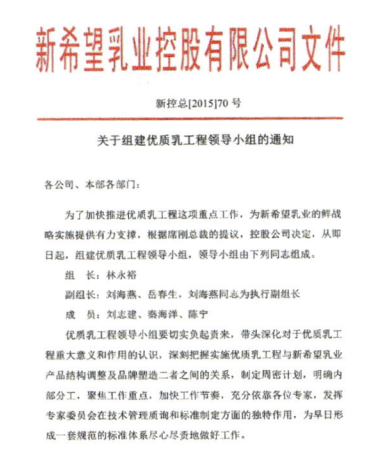

新希望乳业关于组建优质乳工程小组的通知

国家奶业科技创新联盟理事长王加启、副理事长顾佳升参加四川新华西乳业有限公司优质乳工程启动会（2016年11月5日）

（四）优质乳工程验收

根据《优质乳工程管理办法》的相关规定，国家奶业科技创新联盟2017年3月对四川新华西开展了验证和现场验收，包括产品的奶源（牧场）、加工前奶源的投料罐和每种优质乳产品的验证；所有生产优质乳产品生产线的保留时间和保持温度的验证；优质乳产品储

四川新华西乳业有限公司优质乳工程验收会（2017年3月28日）

藏、运输和销售终端冷链温度的验证；定点牧场奶源生产管理情况、加工厂工艺参数控制、产品质量控制情况的现场查看和记录验证等。

2017年3月27日，国家奶业科技创新联盟组织专家听取四川新华西企业汇报，专家组宣布四川新华西奶源、工艺和产品符合《优质乳工程管理办法》验收标准，通过优质乳工程的验收决议。

（五）优质乳工程复评审验收

根据《优质乳工程管理办法》的相关规定，国家奶业科技创新联盟对四川新华西开展了复评审验收，奶源、生产线、产品及储运环节等与验收要求一致。

2020年9月，国家奶业科技创新联盟组织专家现场听取了企业汇报，查阅复评审检测结果，宣布其奶源符合《生乳用途分级技术规范》（T/TDSTIA 001—2019）的规定、工艺符合《优质巴氏杀菌乳加工工艺技术规范》（T/TDSTIA 011—2019）的规定、巴氏杀菌乳产品符合《优质巴氏杀菌乳》（T/TDSTIA 004—2019）的规定：糠氨酸≤12mg/100g蛋白质，乳铁蛋白≥25mg/L，β-乳球蛋白≥2 200mg/L，宣布四川新华西巴氏杀菌产品通过优质乳工程第一次复评审验收。

2022年9月，国家奶业科技创新联盟组织专家线上听取了企业汇报，查阅复评审检测结果，宣布其奶源符合《生乳用途分级技术规范》（T/ TDSTIA 001—2019）的规定、工艺符合《优质巴氏杀菌乳加工工艺技术规范》（T/TDSTIA 011—2019）的规定、巴氏杀菌乳产品符合《优质巴氏杀菌乳》（T/TDSTIA 004—2019）的规定：糠氨酸≤12mg/100g蛋白质，乳铁蛋白≥25mg/L，β-乳球蛋白≥2 200mg/L，四川新华西巴氏杀菌产品通过优质乳工程第二次复评审验收。

四川新华西乳业有限公司优质乳工程第一次复评审验收
（2020年9月6日）

（六）优质乳工程抽检

根据《优质乳工程管理办法》规定，国家奶业科技创新联盟于2019年6月、2020年6月、2020年12月、2021年10月、2022年4月、2022年10月和2023年4月对四川新华西开展了抽检工作。

参加抽检的7款优质乳工程产品各项指标符合《优质巴氏杀菌乳》（T/TDSTIA 004—2019）的规定：糠氨酸≤12mg/100g蛋白质，乳铁蛋白≥25mg/L，β-乳球蛋白≥2 200mg/L。

（七）企业开展的优质乳工程活动

1. 举办第六届中国优质乳工程新鲜盛典

2018年6月29日，由新希望乳业主办的第六届"中国好鲜奶·新鲜盛典"在成都召开，盛典以"科技创新·领鲜生活"为主题，聚焦低温产业以技术驱动产业变革的发展方向。国内乳品行业40余家重点企业的近百位代表和业内知名专家学者围绕中国乳业的生产、研发与营销创新进行了广泛深入的探讨交流，并通过盛典达成对中国乳业"新鲜"变局的统一共识。

第六届"中国好鲜奶·新鲜盛典"（2018年6月29日）

2. 宣传优质乳活动情况

2017年7月19日，四川省食品药品监督管理局开展的"食品安全进工厂、进食堂活动"走进四川新华西工厂，四川省食品药品监督管理局相关领导、权威媒体记者和消费者代表亲眼见证"透明"工厂是如何生产出让消费者满意、放心的优质乳品。

2018年起，四川新华西工厂开设了优质乳透明工厂游活动，通过寓教于乐的方式为消费者们带来了一次又一次生动鲜活的食育课堂。孩子们可以了解牛奶杀菌以及检测的工艺。同时，消费者可以了解到关于新希望华西的明星产品——24小时鲜牛乳的75℃巴氏杀菌工艺，并厘清巴氏杀菌与普通杀菌对牛奶品质及口感的影响。

作为西南地区首家通过优质乳工程认证的企业，四川新华西发挥"优质奶只能产自于本土"的地域优势，给川渝消费者带来"鲜活"产品，为消费者"舌尖上的安全"保驾护航，为中国食品安全发展树立行业典范。

四川省食品安全宣传周食品安全进工厂、进食堂活动走进四川新华西

成都商报小记者走进四川新华西食育课堂

3. 新希望乳业荣获优质乳工程科技创新奖等多个奖项

2019年5月5日，第六届"奶牛营养与牛奶质量"国际研讨会上，新希望乳业股份有限公司荣获"优质乳工程科技创新奖"，四川新华西乳业有限公司荣获"优质乳工程工匠团队奖"。此外，在"千人品鉴优质乳"活动中，新希望24小时鲜牛乳获得"青年最喜爱金奖"产品称号。澳大利亚联邦科工组织McSweeney首席研究员表示非常开心可以品尝到这么新鲜的牛奶，新希望24小时鲜牛乳的品质和味道都很好。

新希望乳业股份有限公司荣获
"优质乳工程科技创新奖"

四川新华西乳业荣获"优质乳工程工匠团队奖"　　　新希望24小时鲜牛乳获得"青年最喜爱金奖"

4. 四川新华西乳业被授予优质乳工程助力健康中国先进企业

2021年4月18日,在国家奶业科技创新联盟2021年工作会议上,四川新华西乳业有限公司被授予"优质乳工程助力健康中国先进企业"。

5. 四川新华西乳业被授予优质乳工程助力国民营养计划工程企业

在国家奶业科技创新联盟2022年工作会议上,四川新华西乳业有限公司获"优质乳工程助力国民营养计划功臣企业奖"。

四川新华西乳业荣获　　　　　　　　　　　四川新华西乳业荣获
"优质乳工程助力健康中国先进企业"　　　"优质乳工程助力国民营养计划功臣企业奖"

四、青岛新希望琴牌乳业有限公司

（一）企业介绍

青岛新希望琴牌乳业有限公司（以下简称"青岛琴牌"）是山东省首家、全国第八家通过中国优质乳工程认证的企业。公司 2018 年成为青岛上合峰会食材供应商，是 2021 年第十四届全国学生运动会唯一乳品赞助商，国家常温、低温学生奶定点生产企业，山东省著名商标，农业产业化省级重点龙头企业，获第七届青岛市市长质量奖提名奖、青岛市智能工厂、2021 年成为首批进入胶州市企业倍增计划单位，胶州市亩产效益 A 级企业。

青岛琴牌牛奶商标

2021 年 8 月 26 日，青岛琴牌二期巴氏鲜奶智能工厂竣工典礼暨黄金 24 小时鲜牛乳新品发布会在山东青岛举行，宣告二期工厂正式竣工投产。

青岛新希望琴牌乳业有限公司二期工厂

（二）优质乳工程产品介绍

青岛琴牌"新希望 24 小时鲜牛乳"产品不断进行技术创新，优质乳产品加工工艺从 75℃/15s 升级至 72℃/15s，推出优质乳新产品黄金 24 小时鲜牛乳。青岛琴牌共有 5 款巴氏杀菌产品通过国家优质乳工程验收。青岛琴牌优质乳产品对应 3 家供应优质奶源牧场和 2 条巴氏杀菌生产线，优质乳产品生产线有"一期工厂 5 吨巴氏杀菌生产线，加工工艺 75℃/15s 或 72℃/15s"和"二期工厂 10 吨巴氏杀菌生产线，加工工艺 75℃/15s 或 72℃/15s"

青岛琴牌优质乳生产线名称及编号

序号	企业名称	优质乳生产线名称	加工工艺	生产线编号
1	青岛新希望琴牌乳业有限公司	一期工厂 5 吨巴氏杀菌生产线	75℃/15s 72℃/15s	CEMA-N009PL01
2		二期工厂 10 吨巴氏杀菌生产线	75℃/15s 72℃/15s	CEMA-N009PL02

青岛琴牌优质乳产品名称及编号

序号	企业名称	产品名称	优质乳产品编号
1	青岛新希望琴牌乳业有限公司	新希望琴牌 24 小时鲜牛乳 480mL 屋顶盒	CEMA-N00902PM
2		新希望琴牌 24 小时鲜牛乳 950mL 屋顶盒	CEMA-N00903PM
3		新希望琴牌黄金 24 小时鲜牛乳 950mL 屋顶盒	CEMA-N00905PM
4		新希望琴牌 24 小时鲜牛乳 200mL 屋顶盒	CEMA-N00906PM
5		新希望琴牌黄金 24 小时鲜牛乳 200mL 屋顶盒	CEMA-N00907PM

优质乳产品名称 新希望琴牌 24 小时鲜牛乳 480mL 屋顶盒
优质乳产品编号 CEMA-N00902PM
验 收 时 间 2017 年 05 月 02 日
第一次复评审时间 2019 年 07 月 04 日
第二次复评审时间 2022 年 01 月 21 日
第一次抽检时间 2018 年 11 月 12 日
第二次抽检时间 2019 年 07 月 04 日
第三次抽检时间 2020 年 09 月 11 日
第四次抽检时间 2020 年 12 月 07 日
第五次抽检时间 2021 年 10 月 18 日
第六次抽检时间 2022 年 03 月 26 日
第七次抽检时间 2022 年 09 月 02 日
第八次抽检时间 2023 年 03 月 22 日
第九次抽检时间 2023 年 07 月 18 日
所有指标均符合《优质巴氏杀菌乳》标准

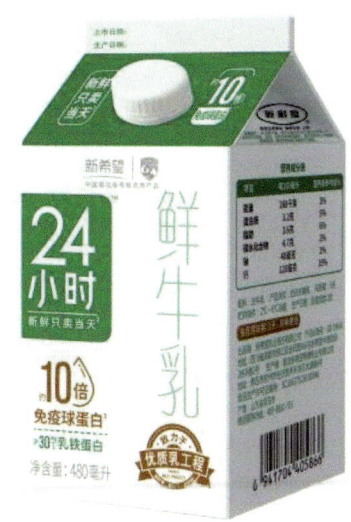

优质乳产品名称	新希望琴牌24小时鲜牛乳950mL屋顶盒
优质乳产品编号	CEMA-N00903PM
验收时间	2017年05月02日
第一次复评审时间	2019年07月04日
第二次复评审时间	2022年01月21日
第一次抽检时间	2018年11月12日
第二次抽检时间	2019年07月04日
第三次抽检时间	2020年09月11日
第四次抽检时间	2020年12月07日
第五次抽检时间	2021年10月18日
第六次抽检时间	2022年03月26日
第七次抽检时间	2022年09月02日
第八次抽检时间	2023年03月22日
第九次抽检时间	2023年07月18日

所有指标均符合《优质巴氏杀菌乳》标准

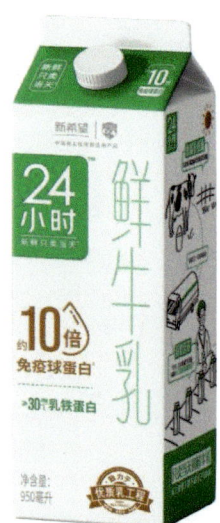

优质乳产品名称	新希望琴牌黄金24小时鲜牛乳950mL屋顶盒
优质乳产品编号	CEMA-N00905PM
验收时间	2021年10月18日
第一次复评审时间	2022年01月21日
第一次抽检时间	2021年10月18日
第二次抽检时间	2022年03月26日
第三次抽检时间	2022年09月02日
第四次抽检时间	2023年03月22日
第五次抽检时间	2023年07月18日

所有指标均符合《优质巴氏杀菌乳》标准

优质乳产品名称	新希望琴牌24小时鲜牛乳200mL屋顶盒
优质乳产品编号	CEMA-N00906PM
验收时间	2023年03月22日
第一次抽检时间	2023年03月22日
第二次抽检时间	2023年07月18日

所有指标均符合《优质巴氏杀菌乳》标准

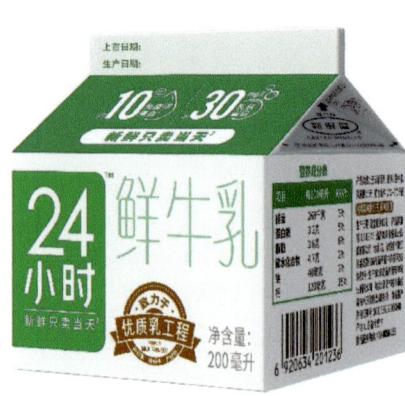

优质乳产品名称 新希望琴牌黄金 24 小时鲜牛乳 200mL 屋顶盒
优质乳产品编号 CEMA-N00907PM
验 收 时 间 2023 年 03 月 22 日
第一次抽检时间 2023 年 03 月 22 日
第二次抽检时间 2023 年 07 月 18 日
所有指标均符合《优质巴氏杀菌乳》标准

（三）优质乳工程启动

2016 年，青岛琴牌向国家奶业科技创新联盟递交加入优质乳工程的申请。经过专家的调研与技术指导，青岛琴牌于 2017 年 3 月全面启动实施优质乳工程。

国家奶业科技创新联盟副理事长顾佳升参加青岛新希望琴牌乳业有限公司优质乳工程启动会
（2017 年 2 月 18 日）

（四）优质乳工程验收

根据《优质乳工程管理办法》规定，国家奶业科技创新联盟于 2017 年 4 月对青岛琴牌开展了验证和现场验收，包括产品的奶源（牧场）、加工前奶源的投料罐和每种优质乳产品的验证；所有生产优质乳产品生产线的保留时间和温度的验证；优质乳产品储藏、运输和销售终端冷链温度的验证；牧场奶源生产管理情况、加工厂工艺参数控制、产品质量控制情况的现场查看和记录验证等。

2017年5月2日，国家奶业科技创新联盟组织专家听取青岛琴牌企业汇报，专家组宣布青岛琴牌奶源、工艺和产品符合《优质乳工程管理办法》验收标准，通过优质乳工程的验收决议，青岛琴牌成为山东省首家通过优质乳工程验收的企业。

青岛新希望琴牌乳业有限公司优质乳工程验收会（2017年5月3日）

（五）优质乳工程复评审

根据《优质乳工程管理办法》规定，国家奶业科技创新联盟2019年和2022年分别对青岛琴牌开展了复评审验收验证工作，奶源、生产线、产品及储运环节等与验收要求一致。

青岛琴牌奶源符合《生乳用途分级技术规范》（T/TDSTIA 001—2019）中特优级生乳的规定、工艺符合《优质巴氏杀菌乳加工工艺技术规范》（T/TDSTIA 011—2019）的规定、巴氏杀菌乳产品符合《优质巴氏杀菌乳》（T/TDSTIA 004—2019）的规定：糠氨酸≤12mg/100g蛋白质，乳铁蛋白≥25mg/L，β-乳球蛋白≥2 200mg/L。将最新技术成果和最严质量规范应用在全产业链上并一贯坚持，获国家奶业科技创新联盟理事长王加启、副理事长顾佳升、青岛畜牧兽医研究所副所长王建华、青岛农业大学韩荣伟教授等专家点赞。

（六）优质乳工程产品抽检

根据《优质乳工程管理办法》规定，国家奶业科技创新联盟于2018年11月、2019

年 7 月、2020 年 9 月、2020 年 12 月、2021 年 10 月、2022 年 3 月、2022 年 9 月、2023 年 3 月、2023 年 7 月对青岛琴牌开展了抽检工作。

参加抽检的 5 款优质乳工程产品各项指标符合《优质巴氏杀菌乳》（T/TDSTIA 004—2019）的规定：糠氨酸 ≤ 12mg/100g 蛋白质，乳铁蛋白 ≥ 25mg/L，β - 乳球蛋白 ≥ 2 200mg/L。

（七）企业开展的优质乳工程活动

1. 线上自媒体双微一抖、热点海报、短视频等多维度引导优质乳鲜传播

2022 年至 2023 年疫情期间，消费者对能够提高免疫力抗病毒食品的需求明显提升，青岛琴牌第一时间将 24 小时鲜牛奶利益点生动化，制作生动有趣的海报、短视频，多次高频持续在双微一抖（微博、微信、抖音）、社群（异业社群及渠道自有社群）及朋友圈传播产品海报、短视频等内容。青岛琴牌集结上下力量，加急生产、调配物流，协同青岛市红十字会以最快速度将近 7.4 万盒爱心牛奶送抵黄岛、莱西、青岛大学、李村街道等地，为当地防疫一线工作者提供营养支持，送上健康保障，此活动在青岛大学的自媒体账号和本地 10 家网络媒体广泛传播。

2. 承接更多优质内容，通过社群传播回馈粉丝、提口碑

2022 年至 2023 年，青岛琴牌通过异业、自有线下活动，将粉丝沉淀在自有社群中，通过日常运营"每天早餐推荐""每天学点牛奶小知识""晚安问候"等，将 24 小时优质乳融入用户生活中，不断拉进用户亲密度。预埋有影响力的 KOC，利用 KOC 朋友圈裂变传播分享，引流入群；再通过社群育儿直播公开课、节点活动游戏、新品尝鲜、互动抢红包等多种互动形式，围绕"新鲜选当天，鲜活营养身体棒"主题，结合母亲节、父亲节、儿童节等节点，放送福利，借势宣传，回馈粉丝提升口碑，增加粉丝黏性和忠诚度。

3. 借势直播新趋势，进行线上品牌曝光

2022 年至 2023 年，青岛琴牌借助政府、媒体、异业等平台进行拼场直播宣传优质乳工程产品，打造流量梦工厂，依托私域联合腾讯投放朋友圈进行促活转化，将粉丝引流至爱逛直播平台，不断拉动新消费用户。

4. 举办第七届中国优质乳工程新鲜盛典

2019 年 9 月 17 日，被誉为"中国鲜奶开发者大会"的第七届新鲜盛典在青岛召开。新希望乳业携手大数据、新零售以及奶业行业专家与重点企业代表，共研中国奶业的科技"芯"浪潮，共商民族乳企的数字化转型，共建中国鲜奶的新时代。会上，新希望乳业启

动面向"新鲜"的数字化战略，与行业代表共同发出"行业共建、产业互联"的倡导，呼吁民族乳企共同建设"国民鲜奶"，提升中国乳业的新鲜竞争力。

第七届"中国好鲜奶·新鲜盛典"（2019年9月17日）

5. 2021年青岛琴牌二期加工厂竣工暨黄金24小时发布会

2021年8月26日，邀请张养东秘书长参与琴牌二期加工厂竣工仪式，揭幕采用瑞典利乐UF膜过滤技术、72℃/15s杀菌工艺的黄金24鲜奶新品上市，与消费者代表、公司高层、山大齐鲁医院主任等人共话新鲜，传递优质乳工程理念。

黄金24小时发布会论坛（2021年8月26日）

6. 线下广告持续高频宣传"24小时鲜牛奶"及"优质乳工程验收企业"

2022年至2023年青岛琴牌通过门禁广告、电梯广告，高频强化输出"24小时鲜牛奶""优质乳与免疫球蛋白"等内容；在爱心共享站全线，将视频和海报通过地铁大屏同步输出；同时通过公交站牌广告、地铁扶手墙贴广告，节日档电影院大片贴片广告高频覆盖输出，于车站、商超周边地点等人群密集处连续投放。

7. 打造属于琴牌鲜奶专属的节日——鲜奶节

青岛琴牌将每周三的鲜奶日活动不断升级迭代，联合销售渠道打造专属琴牌的鲜奶节日。加大终端24小时试饮，让消费者都可以品尝到最好的优质乳产品——24小时鲜牛奶系列；利用鲜奶日线上及线下宣传海报、活动展示架等资料，围绕优质乳传播鲜奶教育；借助有趣的游戏互动，吸引消费者参与"鲜价值"传播。

青岛新希望琴牌乳业有限公司地铁站广告投放

8. 食育教育寓教于乐，传播优质乳"鲜价值"

作为山东省首家通过优质乳工程认证的企业，2019年6月25日，围绕实施食品安全战略和"尚德守法 食品安全让生活更美好"的食品安全周活动主题，青岛市市场监督管理局联合胶州市市场监督管理局，邀请人大代表、政协委员、社会监督员、学校食品安全负责人、消费者代表及新闻媒体等30余人走进"食安山东"示范企业青岛新希望琴牌乳业有限公司实地参观，亲身体验食品生产加工领域食品安全管理、生产过程控制和食品行业的高质量发展状况。

2018年起，青岛琴牌工厂开展了优质乳透明工厂游活动，了解牛奶杀菌以及检测的工艺，自此持续面向社会邀请亲子家庭、学校学生进行食育教育透

青岛市市场监督管理局等相关部门领导参观青岛琴牌工厂

明工厂游参观活动，以寓教于乐的方式讲述优质乳的诞生、如何搭配膳食营养，科学饮奶等等小知识。

消费者走进青岛琴牌透明工厂游

9. 青岛新希望琴牌乳业获"优质乳工程助力健康中国先进企业"

2021年4月18日，在国家奶业科技创新联盟2021年工作会议上，青岛新希望琴牌乳业有限公司被授予"优质乳工程助力健康中国先进企业"。

10. 青岛新希望琴牌乳业获"优质乳工程助力国民营养计划功臣企业奖"

2022年11月25日，在第七届"奶牛营养与牛奶质量"国际研讨会上，青岛新希望琴牌乳业有限公司获"优质乳工程助力国民营养计划功臣企业奖"。

青岛新希望琴牌乳业荣获
"优质乳工程助力健康中国先进企业"

青岛新希望琴牌乳业荣获
"优质乳工程助力国民营养计划功臣企业奖"

五、河北新希望天香乳业有限公司

（一）企业介绍

河北新希望天香乳业有限公司（以下简称"河北天香"）为新希望集团旗下全资子公司，专注乳品生产70余年。2017年12月18日，河北天香通过国家优质乳工程验收，把近在身边的好牛奶，第一时间送到消费者手中，让消费者真正体验鲜、活、健康、安全的好牛奶成为企业愿景。

河北新希望天香乳业有限公司工厂

河北天香牛奶商标

（二）优质乳工程产品介绍

河北天香通过实施优质乳工程，对杀菌工艺精度的控制进行了大幅强化，实现了75℃/15s 巴氏杀菌工艺，进行优质乳技术创新，最大程度保留牛奶中的活性营养物质。

河北天香优质乳生产线名称及编号

序号	企业名称	优质乳生产线名称	加工工艺	生产线编号
1	河北新希望天香乳业有限公司	C4 巴氏杀菌生产线	75℃/15s	CEMA-NO13PL01

河北天香优质乳产品名称及编号

序号	企业名称	产品名称	优质乳产品编号
1	河北新希望天香乳业有限公司	新希望24小时鲜牛乳450 mL 屋顶盒	CEMA-N01302PM

优质乳产品名称	新希望24小时鲜牛乳450mL 屋顶盒
优质乳产品编号	CEMA-N01302PM
验收时间	2020年01月06日
第一次复评审时间	2020年08月28日
第二次复评审时间	2022年09月22日
第一次抽检时间	2020年01月06日
第二次抽检时间	2020年09月09日
第三次抽检时间	2020年12月09日
第四次抽检时间	2021年05月07日
第五次抽检时间	2021年11月10日
第六次抽检时间	2022年04月14日
第七次抽检时间	2023年05月03日

所有指标均符合《优质巴氏杀菌乳》标准

（三）优质乳工程启动

根据《优质乳工程管理办法》的相关规定，2017年5月河北新希望天香乳业有限公司向国家奶业科技创新联盟提交申请表和企业生产情况调查表等，申请实施优质乳工程；

经过国家奶业科技创新联盟安排专家开展调研和技术指导，河北天香于 2017 年 7 月全面启动实施优质乳工程。

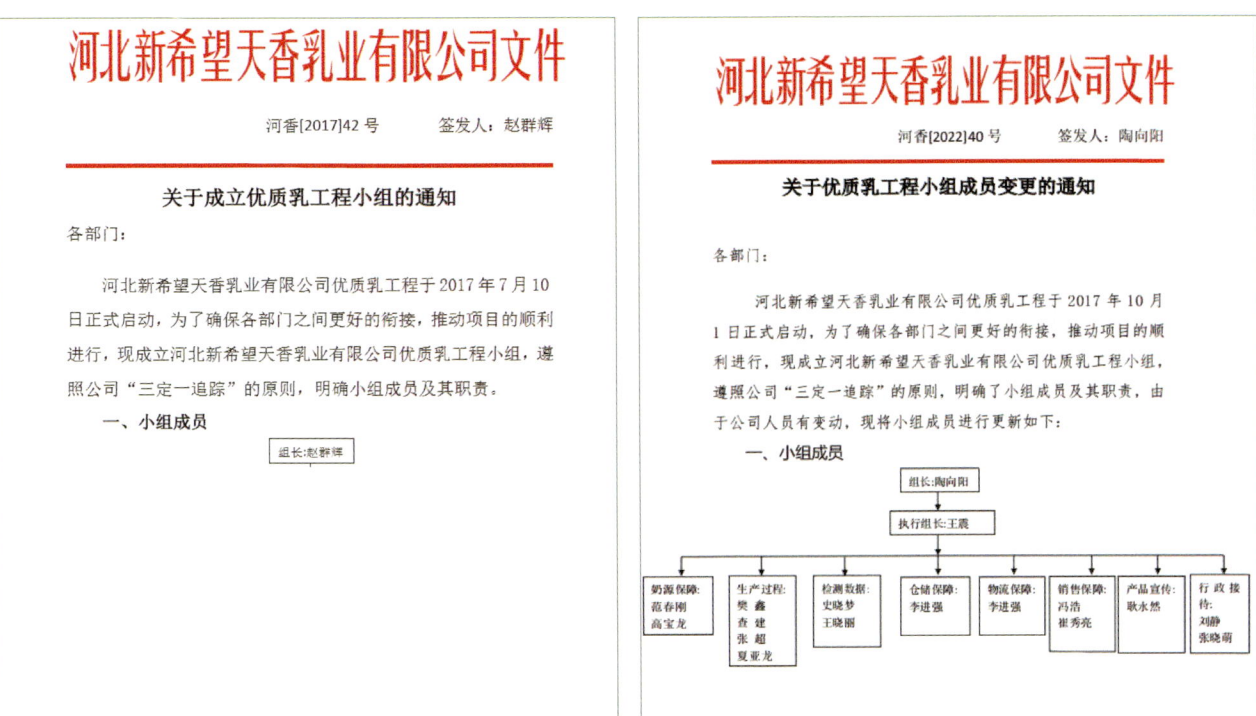

河北天香关于成立优质乳工程小组的通知

（四）优质乳工程验收

根据《优质乳工程管理办法》的相关规定，国家奶业科技创新联盟 2017 年 12 月对河北天香开展了验证和现场验收，包括产品的奶源（牧场）、加工前奶源的投料罐和每种优质乳产品的验证；所有生产优质乳产品生产线的保留时间和保持温度的验证；优质乳产品储藏、运输和销售终端冷链温度的验证；牧场奶源生产管理情况、加工厂工艺参数控制、产品质量控制情况的现场查看和记录验证等。

2017 年 12 月 18 日，国家奶业科

河北天香奶源基地现场验证会（2017 年 12 月 18 日）

技创新联盟组织专家听取河北天香企业汇报，专家组宣布河北天香奶源、工艺和产品符合《优质乳工程管理办法》验收标准，并形成河北天香通过优质乳工程的验收决议。

河北天香国家优质乳工程验收会（2017年12月18日）

（五）优质乳工程复评审验收

根据《优质乳工程管理办法》的相关规定，国家奶业科技创新联盟于2020年8月和2022年9月分别组织专家线上线下听取了企业汇报，查阅复评审检测结果，宣布其奶源符合《生乳用途分级技术规范》（T/TDSTIA 001—2019）的规定、工艺符合《优质巴氏

河北天香国家优质乳工程复评审验收会

杀菌乳加工工艺技术规范》（T/TDSTIA 011—2019）的规定、巴氏杀菌乳产品符合《优质巴氏杀菌乳》（T/TDSTIA 004—2019）的规定：糠氨酸≤12mg/100g蛋白质，乳铁蛋白≥25mg/L，β-乳球蛋白≥2 200mg/L。

（六）优质乳工程抽检

根据《优质乳工程管理办法》的相关规定，国家奶业科技创新联盟于2020年1月、2020年9月、2020年12月，2021年5月、2021年11月，2022年4月、2022年12月和2023年5月对河北天香开展了抽检工作。

参加抽检的1款优质乳工程产品各项指标符合《优质巴氏杀菌乳》（T/TDSTIA 004—2019）的规定：糠氨酸≤12mg/100g蛋白质，乳铁蛋白≥25 mg/L，β-乳球蛋白≥2 200 mg/L。

（七）企业开展的优质乳工程活动

1. 河北天香鲜奶品鉴会

2019年3月28日，以"新乳业·鲜未来"为主题的巴氏鲜奶媒体品鉴会在河北天香工厂拉开帷幕。河北省奶业协会秘书长袁运生、河北省营养学会常务理事、保定市营养学会理事长吕春萍出席活动，各大主流媒体参与报道。

河北天香乳业总经理安保森品鉴会发言

河北省奶业协会秘书长袁运生发言

品鉴会现场，河北天香重点推出"新希望24小时巴氏鲜牛乳"等产品。"新希望24小时巴氏鲜牛乳"产品作为通过国家优质乳工程验收的旗舰乳品，所富含的天然活性营养是普通牛奶的3倍之多，不啻于"最大化保留活性营养"的鲜奶产品。巴氏乳贵在新鲜，其生产加工过程对原料奶的品质保障和供应链管理提出了极高要求。

河北天香巴氏鲜奶品鉴会与会人员参观工厂

2. 开展"透明工厂亲子游"活动

在稳步推进优质乳产品优化的同时，新希望天香还不断开展"透明工厂亲子游"活动，致力于优质乳理念的全民普及和推广。邀请乳品行业的专家对优质巴氏鲜乳进行了全

河北天香优质乳工程透明工厂游活动

面的分析和解读，以专业严谨的实验室数据和营养学知识向消费者们展现优质巴氏乳的鲜活营养价值。为了帮助消费者们理解专业数据背后的实际意义，新希望天香还依托"食育乐园"创作丰富多彩的动画作品，以活泼易懂的方式告诉妈妈和宝宝们三倍活性营养物质如何有助提高免疫力，让孩子们健康成长。迄今为止，新希望天香已累计邀请十余万消费者来到优质乳工厂，2017年新希望天香乳业被列为保定市青少年教育实践基地。

3. 提升检测能力

新希望天香乳业从2017年起安排工作人员积极参加农业农村部奶及奶制品质量安全监督检验测试中心（北京）组织的牛奶中糠氨酸、乳果糖、乳铁蛋白、α-乳白蛋白和β-乳球蛋白等指标检测技术现场培训，具备检测能力。

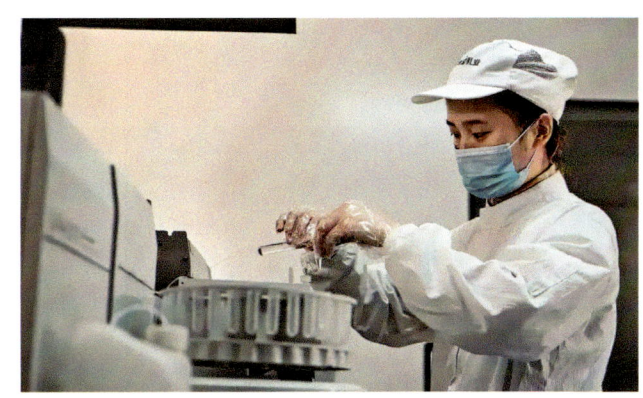

河北天香检测人员进行优质乳产品检测

4. 宣传优质乳活动情况

河北天香从2017年起至2023年，针对小朋友及家长开展了优质乳—食育教育项目宣传活动，同时在线下商超开展品牌推广活动，并且线上线下多维度立体传播，引导消费者正确消费优质乳。

河北天香优质乳消费线下宣传活动

5. 河北天香被授予"优质乳工程助力健康中国先进企业"和"优质乳工程助力国民营养计划功臣企业奖"

2021年4月18日,在国家奶业科技创新联盟2021年工作会议上,河北新希望天香乳业有限公司被授予"优质乳工程助力健康中国先进企业"。

2023年11月,河北新希望天香乳业有限公司获"优质乳工程助力国民营养计划功臣企业奖"。

河北天香乳业荣获
"优质乳工程助力健康中国先进企业"

河北天香乳业荣获
"优质乳工程助力国民营养计划功臣企业奖"

六、新希望双喜乳业（苏州）有限公司

（一）企业介绍

新希望双喜乳业（苏州）有限公司（以下简称"苏州双喜"）是目前苏州地区最大的乳品生产厂家。

新希望双喜乳业（苏州）有限公司工厂

苏州双喜牛奶商标

（二）优质乳工程产品介绍

苏州双喜共有3款巴氏杀菌产品通过国家优质乳工程验收。双喜优质乳产品对应2家供应优质奶源牧场和1条巴氏杀菌生产线，优质奶源牧场为泰兴牧场和现代五河牧场，优质乳产品生产线有"鼎嘉峰5吨巴氏杀菌生产线，加工工艺75℃/15s"。

苏州双喜优质乳生产线名称及编号

序号	企业名称	优质乳生产线名称	加工工艺	生产线编号
1	新希望双喜乳业（苏州）有限公司	鼎嘉峰5吨巴氏杀菌生产线	75℃/15s	CEMA-N014PL01

苏州双喜优质乳产品名称及编号

序号	企业名称	产品名称	优质乳产品编号
1	新希望双喜乳业（苏州）有限公司	新希望24小时鲜牛乳950 mL屋顶盒	CEMA-N01401PM
2	新希望双喜乳业（苏州）有限公司	新希望24小时鲜牛乳200 mL玻璃瓶	CEMA-N01402PM
3	新希望双喜乳业（苏州）有限公司	新希望24小时鲜牛乳700mL PE塑瓶	CEMA-N01403PM

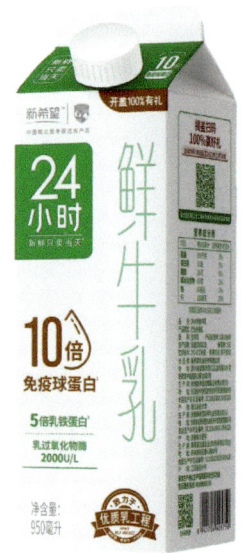

优 质 乳 产 品 名 称　新希望24小时鲜牛乳950mL屋顶盒
优 质 乳 产 品 编 号　CEMA-N01401PM
验　 收　 时　 间　2017年12月29日
第 一 次 抽 检 时 间　2020年11月09日
第 二 次 抽 检 时 间　2021年05月04日
第 三 次 抽 检 时 间　2021年09月18日
第 四 次 抽 检 时 间　2022年06月28日
第 五 次 抽 检 时 间　2022年11月02日
第 六 次 抽 检 时 间　2023年05月11日
所有指标均符合《优质巴氏杀菌乳》标准

优质乳产品名称	新希望 24 小时鲜牛乳 200mL 玻璃瓶
优质乳产品编号	CEMA-N01402PM
验 收 时 间	2017 年 12 月 29 日
第一次抽检时间	2020 年 11 月 09 日
第二次抽检时间	2021 年 05 月 04 日
第三次抽检时间	2021 年 09 月 18 日
第四次抽检时间	2022 年 06 月 28 日
第五次抽检时间	2022 年 11 月 02 日
第六次抽检时间	2023 年 05 月 11 日

所有指标均符合《优质巴氏杀菌乳》标准

优质乳产品名称	新希望 24 小时鲜牛乳 700mL PE 塑瓶
优质乳产品编号	CEMA-N01403PM
验 收 时 间	2022 年 09 月 07 日
第一次抽检时间	2022 年 09 月 07 日
第二次抽检时间	2022 年 11 月 02 日
第三次抽检时间	2023 年 05 月 11 日

所有指标均符合《优质巴氏杀菌乳》标准

（三）优质乳工程启动

2016 年，苏州双喜向国家奶业科技创新联盟递交加入优质乳工程的申请。经过专家的调研与技术指导，2017 年 1 月苏州双喜全面启动实施优质乳工程。

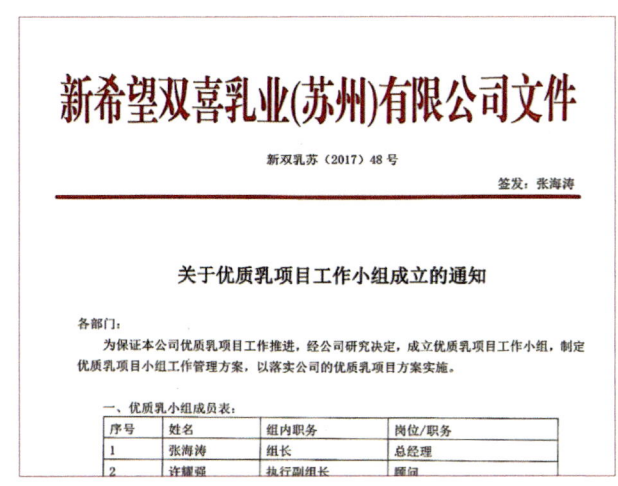

苏州双喜关于成立优质乳工程小组的通知

（四）优质乳工程验收

根据《优质乳工程管理办法》的相关规定，国家奶业科技创新联盟 2017 年 12 月对苏州双喜开展了验证和现场验收，包括产品的奶源（牧场）、加工前奶源的投料罐和每种优质乳产品的验证；所有生产优质乳产品生产线的保留时间和保持温度的验证；优质乳产品储藏、运输和销售终端冷链温度的验证；牧场奶源生产管理情况、加工厂工艺参数控制、产品质量控制情况的现场查看和记录验证等。

2017 年 12 月 29 日，国家奶业科技创新联盟组织专家听取苏州双喜企业汇报，专家组宣布苏州双喜奶源、工艺和产品符合《优质乳工程管理办法》验收标准，通过优质乳工程的验收。

中国优质乳工程新希望双喜乳业（苏州）有限公司验收会（2017 年 12 月 29 日）

新希望双喜乳业（苏州）有限公司优质乳工程授牌仪式（2017 年 12 月 29 日）

（五）优质乳工程抽检

根据《优质乳工程管理办法》规定，国家奶业科技创新联盟于 2020 年 11 月、2021 年 5 月、2021 年 9 月、2022 年 6 月、2022 年 11 月和 2023 年 5 月对苏州双喜开展了抽检工作。

参加抽检的 3 款优质乳工程产品各项指标符合《优质巴氏杀菌乳》（T/TDSTIA 004—2019）的规定：糠氨酸 ≤ 12mg/100g 蛋白质，乳铁蛋白 ≥ 25mg/L，β-乳球蛋白 ≥ 2 200mg/L。

（六）企业开展的优质乳工程活动

1. 与江苏省人民政府签署《现代农业战略合作框架协议》

2017年12月1日，南京—江苏现代农业科技大会期间新希望集团与江苏省人民政府签署《现代农业战略合作框架协议》，未来双方将围绕畜禽养殖业规模化、智能化、生态化发展、精准扶贫等开展技术合作；并将重点推广新希望明星产品24小时鲜牛乳。

2. 宣传优质乳活动情况

作为江苏省首家通过优质乳工程认证的企业，2017年12月19日，苏州市食品药品监督管理局开展的"食品安全进工厂、进食堂活动"中，苏州市食品药品监督管理局相关领导、权威媒体记者以及消费者代表，走进苏州双喜工厂，见证"透明"工厂是如何生产出让消费者满意、放心的优质乳品。

2017年通过优质乳工程验收后，苏州双喜开设了优质乳透明工厂游活动，小朋友及家长们可以进厂了解牛奶杀菌以及检测的工艺。同时，也可以在现代化工厂中见证优质乳的诞生过程。

苏州双喜食育教育及优质乳透明工厂游活动现场

七、西昌新希望三牧乳业有限公司

（一）企业介绍

西昌新希望三牧乳业有限公司（以下简称"三牧乳业"）创建于1958年，是集奶牛饲养、乳品生产、市场销售以及科研技术为一体的攀西地区农业产业化龙头企业。

西昌新希望三牧乳业有限公司工厂

西昌三牧牛奶商标

（二）优质乳工程产品介绍

三牧乳业共有 2 款巴氏杀菌产品通过国家优质乳工程验收。三牧优质乳产品对应 1 家供应优质奶源牧场和 1 条巴氏杀菌生产线，优质乳产品生产线有"南华 5 吨巴氏杀菌生产线，加工工艺 80℃/15s"。

三牧优质乳生产线名称及编号

序号	企业名称	优质乳生产线名称	加工工艺	生产线编号
1	西昌新希望三牧乳业有限公司	南华 5 吨巴氏杀菌生产线	80℃/15s	CEMA-N024PL01

三牧优质乳产品名称及编号

序号	企业名称	产品名称	优质乳产品编号
1	西昌新希望三牧乳业有限公司	凉山牧场高品质鲜牛乳 950g 屋顶盒	CEMA-N02403PM
2		凉山牧场高品质鲜牛乳 200g 玻璃瓶	CEMA-N02404PM

优质乳产品名称	凉山牧场高品质鲜牛乳 950g 屋顶盒
优质乳产品编号	CEMA-N02403PM
验收时间	2021 年 03 月 29 日
第一次抽检时间	2021 年 03 月 29 日
第二次抽检时间	2021 年 11 月 11 日
第三次抽检时间	2022 年 08 月 24 日
第四次抽检时间	2022 年 12 月 30 日
第五次抽检时间	2023 年 05 月 05 日

所有指标均符合《优质巴氏杀菌乳》标准

优质乳工程企业名录（2023年）

优质乳产品名称	凉山牧场高品质鲜牛乳 200g 玻璃瓶
优质乳产品编号	CEMA-N02404PM
验收时间	2021 年 03 月 29 日
第一次抽检时间	2021 年 03 月 29 日
第二次抽检时间	2021 年 11 月 11 日
第三次抽检时间	2022 年 08 月 24 日
第四次抽检时间	2022 年 12 月 30 日
第五次抽检时间	2023 年 05 月 05 日

所有指标均符合《优质巴氏杀菌乳》标准

（三）优质乳工程启动

三牧乳业优质乳工程启动会

根据《优质乳工程管理办法》的相关规定，2018 年 1 月西昌新希望三牧乳业有限公司向国家奶业科技创新联盟提交申请表和企业生产情况调查表等，申请实施优质乳工程；经过国家奶业科技创新联盟的技术指导，三牧乳业于 2018 年 1 月全面启动实施优质乳工程。

（四）优质乳工程验收

根据《优质乳工程管理办法》的相关规定，国家奶业科技创新联盟于 2018 年 6 月对西昌新希望三牧乳业有限公司开展了验证和现场验收，包括产品的奶源（牧场）、加工前奶源的投料罐和每种优质乳产品的验证；工艺产品的奶源（牧场）、加工前奶源的投料罐和每种优质乳产品的验证；所有生产优质乳产品生产线的保留时间和保存温度的验证；优质乳产品储藏、运输和销售终端冷链温度的验证；定点牧场奶源生产管理情况、加工工厂工艺参数控制、加工产品质量控制情况的现场查看和记录验证等。

2018 年 6 月 26 日，国家奶业科技创新联盟组织专家听取企业汇报、宣布其奶源符合《生乳用途分级技术规范》（T/TDSTIA 001）的规定、工艺符合《优质巴氏杀菌乳加工工艺技术规范》（TDSTIA 011）的规定、巴氏杀菌乳产品符合《优质巴氏杀菌乳》（T/TDSTIA 004）的规定，并形成西昌新希望三牧乳业有限公司通过优质乳工程的验收决议。

新希望三牧乳业优质乳工程新闻发布会

国家奶业科技创新联盟副理事长顾佳升
在三牧乳业工厂指导

（五）优质乳工程复评审验收

根据《优质乳工程管理办法》的相关规定，国家奶业科技创新联盟 2020 年 6 月对西昌新希望三牧乳业有限公司已提交复审申请和复审资料。2022 年 12 月对三牧优质乳工程相关生乳及产品抽检，符合优质乳标准。

（六）优质乳工程抽检

根据《优质乳工程管理办法》的相关规定，国家奶业科技创新联盟于 2021 年 3 月、2021 年 11 月、2022 年 8 月、2022 年 12 月和 2023 年 5 月，对西昌新希望三牧乳业有限公司开展了抽检工作。

参加抽检的 2 款优质乳工程产品各项指标符合《优质巴氏杀菌乳》（T/TDSTIA 004）的规定：糠氨酸 ≤ 12 mg/100 g 蛋白质，乳铁蛋白 ≥ 25 mg/L，β-乳球蛋白 ≥ 2 200 mg/L。

（七）企业开展的优质乳工程活动

1. 检测提升

三牧乳业从 2018 年起安排人员积极参加农业农村部奶及奶制品质量安全监督检验测试中心（北京）组织的牛奶中糠氨酸、乳果糖、乳铁蛋白、α-乳白蛋白和 β-乳球蛋白等检测技术培训，具备优质乳产品核心指标的检测能力。

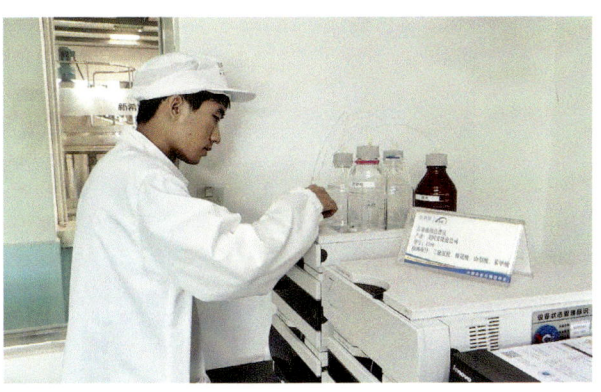
三牧乳业检测人员进行优质乳样品检测

2. 优质乳宣传活动

三牧乳业从 2018 年持续开展消费者主题宣传活动，针对学生群体的透明工厂游食育教育，通过本地营养协会年会鲜奶宣传背书、西昌湿地国际马拉松鲜奶现场赋能等活动，引导消费者正确消费优质乳。

"三牧牛奶透明工厂游"宣传活动

多样化的线下宣传活动

八、安徽新希望白帝乳业有限公司

（一）企业介绍

安徽新希望白帝乳业有限公司（以下简称"安徽白帝"）加工生产能力为日产乳品300吨。

安徽新希望白帝乳业有限公司工厂

新希望白帝牛奶商标

（二）优质乳工程产品介绍

安徽白帝共有 2 款巴氏杀菌产品通过国家优质乳工程验收。白帝优质乳产品对应 2 家供应优质奶源牧场和 2 条巴氏杀菌生产线，优质奶源牧场为肥东现代牧业有限公司和现代牧业（五河）有限公司，优质乳产品生产线有"高速玻璃瓶生产线，加工工艺 75℃/15s"和"中亚 PET 生产线，加工工艺 75℃/15s"

安徽白帝优质乳生产线名称及编号

序号	企业名称	优质乳生产线名称	加工工艺	生产线编号
1	安徽新希望白帝乳业有限公司	高速玻璃瓶生产线	75℃/15s	CEMA-N026PL01
2		中亚 PET 生产线	75℃/15s	CEMA-N026PL02

安徽白帝优质乳产品名称及编号

序号	企业名称	产品名称	优质乳产品编号
1	安徽新希望白帝乳业有限公司	新希望白帝 24 小时鲜牛乳 200g 玻璃瓶	CEMA-N02601PM
2		新希望 24 小时鲜牛乳 255mL PET 瓶	CEMA-N02602PM

优 质 乳 产 品 名 称　新希望白帝 24 小时鲜牛乳 200g 玻璃瓶
优 质 乳 产 品 编 号　CEMA-N02601PM
验　收　时　间　2018 年 10 月 28 日
第一次复评审时间　2022 年 01 月 20 日
第 一 次 抽 检 时 间　2019 年 11 月 07 日
第 二 次 抽 检 时 间　2020 年 04 月 19 日
第 三 次 抽 检 时 间　2020 年 10 月 29 日
第 四 次 抽 检 时 间　2021 年 06 月 19 日
第 五 次 抽 检 时 间　2021 年 11 月 11 日
第 六 次 抽 检 时 间　2022 年 03 月 26 日
第 七 次 抽 检 时 间　2022 年 10 月 20 日
第 八 次 抽 检 时 间　2023 年 03 月 01 日
所有指标均符合《优质巴氏杀菌乳》标准

优质乳产品名称	新希望24小时鲜牛乳 255mL PET瓶
优质乳产品编号	CEMA-N02602PM
验 收 时 间	2019年11月07日
第一次复评审时间	2022年01月20日
第一次抽检时间	2019年11月07日
第二次抽检时间	2020年04月19日
第三次抽检时间	2020年10月29日
第四次抽检时间	2021年06月19日
第五次抽检时间	2021年11月11日
第六次抽检时间	2022年03月26日
第七次抽检时间	2022年10月20日
第八次抽检时间	2023年03月01日

所有指标均符合《优质巴氏杀菌乳》

（三）优质乳工程启动

根据《优质乳工程管理办法》的相关规定，2018年7月安徽白帝向国家奶业科技创新联盟提交申请表和企业生产情况调查表等，申请实施优质乳工程；经过专家的调研与技术指导，同月安徽白帝全面启动实施优质乳工程。

（四）优质乳工程验收

根据《优质乳工程管理办法》的相关规定，国家奶业科技创新联盟2018年10月对安徽白帝工厂开展了验证和现场验收，包括产品的奶源（牧场）、加工前投料罐和每种优质乳产品的验证；所有生产优质乳产品生产线的保留时间和保持温度的验证；优质乳产品储藏、运输和销售终端冷链温度的验证；牧场奶源生产管理情况、加工厂工艺参数控制、产品质量控制情况的现场查看和记录验证等。

2018年10月28日，国家奶业科技创新联盟组织专家听取安徽白帝企业汇报，专家组宣布其奶源符合《优质生乳》（MRT/B 01—2018）中特优级生乳的规定，工艺和产品符合《优质巴氏杀菌乳》（MRT/B 02—2018）的规定，通过优质乳工程的验收。

安徽新希望白帝乳业有限公司优质乳工程验收会（2018年10月28日）

（五）优质乳工程抽检

根据《优质乳工程管理办法》规定，国家奶业科技创新联盟于2019年11月、2020年4月、2020年10月、2021年6月、2021年11月、2022年3月、2022年10月和2023年3月对安徽白帝开展了抽检工作。

参加抽检的两款优质乳工程产品各项指标符合《优质巴氏杀菌乳》（T/TDSTIA 004—2019）的规定：糠氨酸 ≤ 12mg/100g 蛋白质，乳铁蛋白 ≥ 25mg/L，β-乳球蛋白 ≥ 2 200 mg/L。

（六）企业开展的优质乳工程活动

1. 提升检测能力

安徽白帝从2018年起安排人员积极参加农业农村部奶及奶制品质量监督检验测试中心（北京）组织牛奶中乳果糖的第三方能力验证检测，均已获得相应第三方能力验证证书。

2. 宣传优质乳活动情况

安徽白帝从2018年起针对小朋友及家长开展了"优质乳透明工厂游"的科普宣传活动，通过线上、线下活动推广，引导消费者正确消费优质乳。

新希望乳业股份有限公司

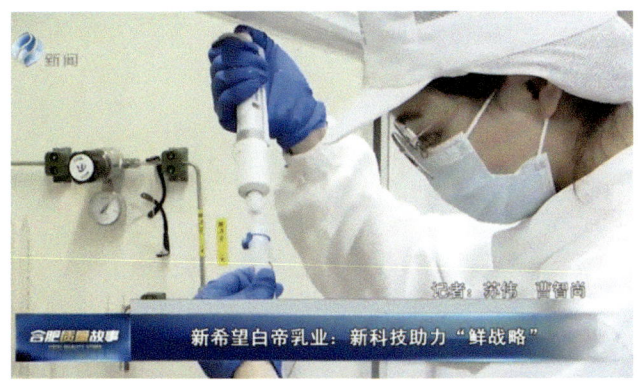

安徽白帝检验人员检测现场

安徽白帝优质乳透明工厂游活动现场

安徽白帝优质乳宣传

九、湖南新希望南山液态乳业有限公司

（一）企业介绍

湖南新希望南山液态乳业有限公司（以下简称"湖南南山"）日生产鲜牛奶 40 吨。

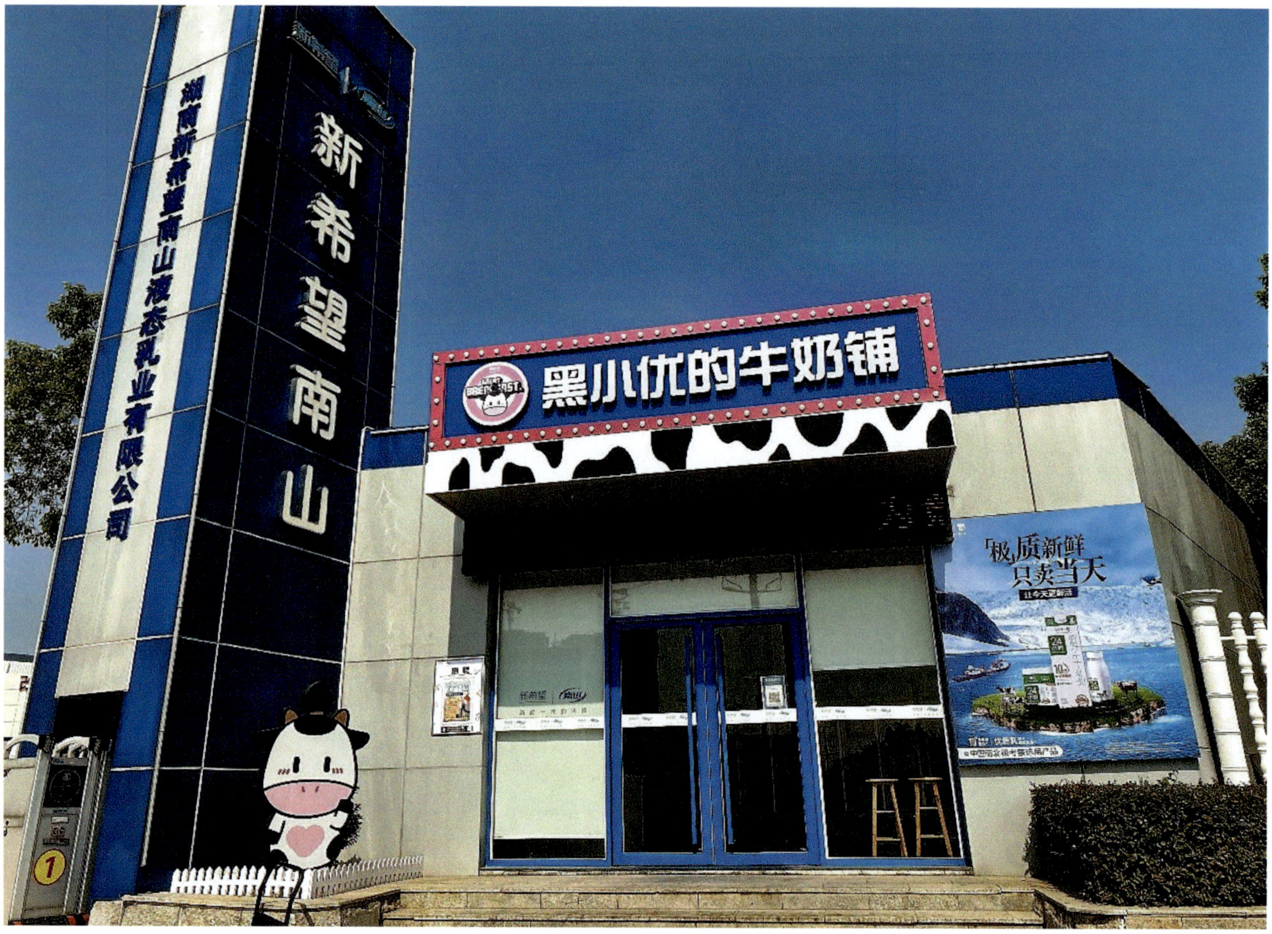

湖南新希望南山液态乳业有限公司工厂

新鲜一代的选择

湖南南山牛奶商标

（二）优质工程产品介绍

湖南南山有3款巴氏杀菌产品通过国家优质乳工程验收。南山优质乳产品对应3家供应优质奶源牧场和1条巴氏杀菌生产线，优质乳产品生产线有"南华5吨巴氏杀菌生产线，加工工艺75℃/15s"。

湖南南山优质乳生产线名称及编号

序号	企业名称	优质乳生产线名称	加工工艺	生产线编号
1	湖南新希望南山液态乳业有限公司	南华5吨巴氏杀菌生产线	75℃/15s	CEMA-N028PL01

湖南南山乳品优质乳产品名称及编号

序号	企业名称	产品名称	优质乳产品编号
1	湖南新希望南山液态乳液有限公司	新希望南山24小时鲜牛乳250mL屋顶盒	CEMA-N02801PM
2		新希望南山24小时鲜牛乳950mL屋顶盒	CEMA-N02802PM
3		新希望南山24小时鲜牛乳195mL玻璃瓶	CEMA-N02803PM

优质乳产品名称	新希望南山24小时鲜牛乳250mL屋顶盒
优质乳产品编号	CEMA-N02801PM
验收时间	2018年12月24日
第一次抽检时间	2019年11月01日
第二次抽检时间	2020年04月10日
第三次抽检时间	2020年12月15日
第四次抽检时间	2021年05月07日
第五次抽检时间	2021年10月17日
第六次抽检时间	2022年03月18日
第七次抽检时间	2022年10月20日
第八次抽检时间	2023年03月14日

所有指标均符合《优质巴氏杀菌乳》标准

优质乳产品名称	新希望南山24小时鲜牛乳950mL屋顶盒
优质乳产品编号	CEMA-N02802PM
验收时间	2018年12月24日
第一次抽检时间	2019年11月01日
第二次抽检时间	2020年04月10日
第三次抽检时间	2020年12月15日
第四次抽检时间	2021年05月07日
第五次抽检时间	2021年10月17日
第六次抽检时间	2022年03月18日
第七次抽检时间	2022年10月20日
第八次抽检时间	2023年03月15日

所有指标均符合《优质巴氏杀菌乳》标准

优质乳产品名称	新希望南山24小时鲜牛乳195mL玻璃瓶
优质乳产品编号	CEMA-N02803PM
验收时间	2018年12月24日
第一次抽检时间	2019年11月01日
第二次抽检时间	2020年04月10日
第三次抽检时间	2020年12月15日
第四次抽检时间	2021年05月07日
第五次抽检时间	2021年10月17日
第六次抽检时间	2022年03月18日
第七次抽检时间	2022年10月20日
第八次抽检时间	2023年03月15日

所有指标均符合《优质巴氏杀菌乳》标准

（三）优质乳工程启动

根据《优质乳工程管理办法》的相关规定，2018年8月湖南南山向国家奶业科技创新联盟提交申请表和企业生产情况调查表等，申请实施优质乳工程。经过专家的调研与技术指导，2018年9月湖南南山全面启动实施优质乳工程。

湖南南山关于成立优质乳工程小组的通知

国家奶业科技创新联盟副理事长顾佳升在湖南南山进行指导

（四）优质乳工程验收

根据《优质乳工程管理办法》的相关规定，国家奶业科技创新联盟2018年12月对湖南新希望南山液态乳业有限公司开展了验证和现场验收，包括产品的奶源（牧场）、加工前奶源的投料罐和每种优质乳产品的验证；所有生产优质乳产品生产线的保留时间和保存温度的验证；优质乳产品储藏、运输和销售终端冷链温度的验证；牧场奶源生产管理情况、加工厂工艺参数控制、产品质量控制情况的现场查看和记录验证等。

2018年12月24日，国家奶业科技创新联盟组织专家听取湖南南山企业汇报、专家组宣布其奶源符合《优质生乳》（MRT/B 01—2018）中特优级生乳的规定，工艺和产品符合《优质巴氏杀菌乳》（MRT/B 02—

湖南新希望南山乳业有限公司优质乳工程验收会
（2018年12月24日）

2018）的规定，通过优质乳工程的验收。

（五）优质乳工程抽检

根据《优质乳工程管理办法》的相关规定，国家奶业科技创新联盟于 2019 年 10 月、2020 年 4 月、2020 年 12 月、2021 年 5 月和 2021 年 10 月、2022 年 3 月、2022 年 10 月和 2023 年 3 月对湖南新希望南山液态乳业有限公司开展了抽检工作。

参加抽检的 3 款优质乳工程产品各项指标符合《优质巴氏杀菌乳》（T/TDSTIA 004—2019）的规定：糠氨酸 ≤ 12 mg/100 g 蛋白质，乳铁蛋白 ≥ 25 mg/L，β - 乳球蛋白 ≥ 2 200 mg/L。

（六）企业开展的优质乳工程活动

1. 提升检测能力

湖南南山从 2018 年起安排人员积极参加学习农业农村部奶及奶制品质量安全监督检验测试中心（北京）组织的牛奶中糠氨酸、乳果糖、乳铁蛋白、α - 乳白蛋白和 β - 乳球蛋白等检测技术，并参加了 2019 年农业农村部奶及奶制品质量安全监督检验测试中心（北京）组织的牛奶中糠氨酸、乳果糖等指标检测能力验证，具备优质乳产品核心指标的检测能力。

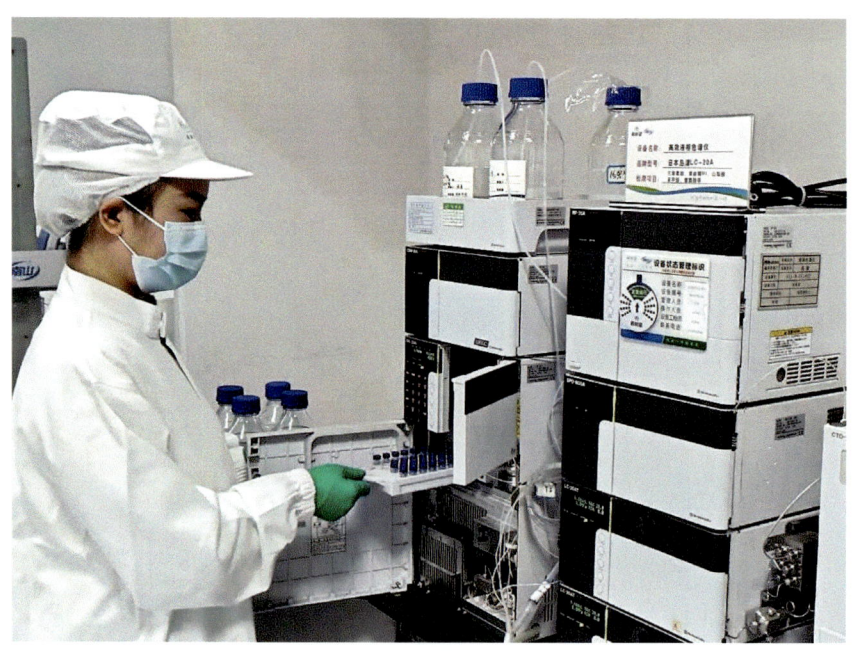

湖南南山检测人员进行日常检测

2. 宣传优质乳活动情况

"食育课堂活动"通过透明袋工厂游，走进幼儿园、小学的公益大课堂，普及优质乳相关知识，让"喝好奶从娃娃抓起"；在超市卖场、商场内，进行优质乳宣传活动，引导更多消费者了解优质乳。

湖南南山食育课堂的科普宣传活动

湖南南山优质乳宣传

企 业 名 称：福建长富乳品有限公司

优质乳企业编号：CEMA-N004

法 定 代 表 人：陈文斌

企 业 地 址：福建省南平市延平区长富路 168 号

一、企业介绍

福建长富乳品有限公司（以下简称"长富乳品"）创建于 1998 年，是集牧草种植、奶牛饲养、乳品生产、市场销售以及科研技术为一体的国家农业产业化重点龙头企业。巴氏鲜奶在福建省销量稳居第一，市场占有率达 90% 以上。

福建长富乳品有限公司

福建长富乳品有限公司优质乳工程示范标杆牧场

二、优质乳工程奶源牧场与产品介绍

长富乳品共有 10 款巴氏杀菌产品通过国家优质乳工程验收。长富乳品优质乳产品对应 12 家供应优质奶源牧场和 2 条巴氏杀菌生产线,优质乳产品生产线有"1# 巴氏杀菌生产线,加工工艺 75℃/15s"和"2# 巴氏杀菌生产线,加工工艺 75℃/15s"。

长富乳品优质奶源牧场名称及编号

序号	企业名称	优质奶源牧场名称	优质奶源牧场编号
1	福建长富乳品有限公司	南平市长源牧业有限公司	CEMA-N004DF001
2		南平市丰旺畜牧养殖有限公司	CEMA-N004DF002
3		南平市绿盛牧业有限公司	CEMA-N004DF004
4		建瓯市小雅牧业有限公司	CEMA-N004DF005
5		顺昌县富泉农业发展有限公司	CEMA-N004DF006
6		南平市富洋牧业有限公司	CEMA-N004DF007
7		福建南平禾原牧业有限公司	CEMA-N004DF008
8		南平市南山生态园有限公司	CEMA-N004DF009
9		福建省南平市荣发牧业有限公司	CEMA-N004DF010
10		建瓯市东源生态牧业有限公司	CEMA-N004DF011
11		南平市福延牧业有限公司	CEMA-N004DF013
12		南平市延平区鸿瑞生态农业有限公司	CEMA-N004DF014

长富乳品优质乳生产线名称及编号

序号	企业名称	优质乳生产线名称	加工工艺	生产线编号
1	福建长富乳品有限公司	1# 巴氏杀菌生产线	75℃/15s	CEMA-N004PL01
2		2# 巴氏杀菌生产线	75℃/15s	CEMA-N004PL02

长富乳品优质乳产品名称及编号

序号	企业名称	产品名称	优质乳产品编号
1	福建长富乳品有限公司	长富巴氏鲜奶鲜牛奶 200mL 纸杯	CEMA-N00401PM
2		长富儿童巴氏鲜奶鲜牛奶 230mL 屋顶盒	CEMA-N00402PM
3		长富巴氏鲜奶鲜牛奶 250mL 屋顶盒	CEMA-N00403PM
4		长富巴氏鲜奶鲜牛奶 500mL 屋顶盒	CEMA-N00404PM
5		长富巴氏鲜奶鲜牛奶 1L 屋顶盒	CEMA-N00405PM
6		长富巴氏鲜奶鲜牛奶 200mL 玻璃瓶	CEMA-N00406PM
7		长富致鲜巴氏鲜奶鲜牛奶 475mL 屋顶盒	CEMA-N00407PM
8		长富致鲜巴氏鲜奶鲜牛奶 950mL 屋顶盒	CEMA-N00408PM
9		长富巴氏鲜奶鲜牛奶 221mL 袋	CEMA-N00409PM
10		长富学生巴氏鲜奶鲜牛奶 150mL 注塑杯	CEMA-N00410PM

优 质 乳 产 品 名 称　长富巴氏鲜奶鲜牛奶 200mL 纸杯
优 质 乳 产 品 编 号　CEMA-N00401PM
验　收　时　间　2017 年 02 月 15 日
第 一 次 复 评 审 时 间　2018 年 08 月 05 日
第 二 次 复 评 审 时 间　2020 年 08 月 10 日
第 三 次 复 评 审 时 间　2022 年 11 月 09 日
第 一 次 抽 检 时 间　2019 年 08 月 19 日
第 二 次 抽 检 时 间　2020 年 04 月 11 日
第 三 次 抽 检 时 间　2020 年 07 月 30 日
第 四 次 抽 检 时 间　2021 年 06 月 06 日
第 五 次 抽 检 时 间　2021 年 12 月 07 日
第 六 次 抽 检 时 间　2022 年 06 月 10 日
第 七 次 抽 检 时 间　2022 年 11 月 25 日
第 八 次 抽 检 时 间　2023 年 05 月 25 日
所 有 指 标 均 符 合《优质巴氏杀菌乳》标准

优 质 乳 产 品 名 称　长富儿童巴氏鲜奶鲜牛奶 230mL 屋顶盒
优 质 乳 产 品 编 号　CEMA-N00402PM
验　收　时　间　2018 年 08 月 05 日
第 一 次 复 评 审 时 间　2020 年 08 月 10 日
第 二 次 复 评 审 时 间　2022 年 11 月 09 日
第 一 次 抽 检 时 间　2019 年 08 月 19 日
第 二 次 抽 检 时 间　2020 年 04 月 11 日
第 三 次 抽 检 时 间　2020 年 07 月 30 日
第 四 次 抽 检 时 间　2021 年 06 月 06 日
第 五 次 抽 检 时 间　2021 年 12 月 07 日
第 六 次 抽 检 时 间　2022 年 06 月 10 日
第 七 次 抽 检 时 间　2022 年 11 月 25 日
第 八 次 抽 检 时 间　2023 年 05 月 25 日
所 有 指 标 均 符 合《优质巴氏杀菌乳》标准

优质乳产品名称	长富巴氏鲜奶鲜牛奶 250mL 屋顶盒
优质乳产品编号	CEMA-N00403PM
验收时间	2018 年 08 月 05 日
第一次复评审时间	2020 年 08 月 10 日
第二次复评审时间	2022 年 11 月 09 日
第一次抽检时间	2019 年 08 月 19 日
第二次抽检时间	2020 年 04 月 11 日
第三次抽检时间	2020 年 07 月 30 日
第四次抽检时间	2021 年 06 月 06 日
第五次抽检时间	2021 年 12 月 07 日
第六次抽检时间	2022 年 06 月 10 日
第七次抽检时间	2022 年 11 月 25 日
第八次抽检时间	2023 年 05 月 25 日

所有指标均符合《优质巴氏杀菌乳》标准

优质乳产品名称	长富巴氏鲜奶鲜牛奶 500mL 屋顶盒
优质乳产品编号	CEMA-N00404PM
验收时间	2018 年 08 月 05 日
第一次复评审时间	2020 年 08 月 10 日
第二次复评审时间	2022 年 11 月 09 日
第一次抽检时间	2019 年 08 月 19 日
第二次抽检时间	2020 年 04 月 11 日
第三次抽检时间	2020 年 07 月 30 日
第四次抽检时间	2021 年 06 月 06 日
第五次抽检时间	2021 年 12 月 07 日
第六次抽检时间	2022 年 06 月 10 日
第七次抽检时间	2022 年 11 月 25 日
第八次抽检时间	2023 年 05 月 25 日

所有指标均符合《优质巴氏杀菌乳》标准

优质乳工程企业名录（2023年）

优质乳产品名称 长富巴氏鲜奶鲜牛奶 1L 屋顶盒
优质乳产品编号 CEMA-N00405PM
验 收 时 间 2018 年 08 月 05 日
第一次复评审时间 2020 年 08 月 10 日
第二次复评审时间 2022 年 11 月 09 日
第 一 次 抽 检 时 间 2019 年 08 月 19 日
第 二 次 抽 检 时 间 2020 年 04 月 11 日
第 三 次 抽 检 时 间 2020 年 07 月 30 日
第 四 次 抽 检 时 间 2021 年 06 月 06 日
第 五 次 抽 检 时 间 2021 年 12 月 07 日
第 六 次 抽 检 时 间 2022 年 06 月 10 日
第 七 次 抽 检 时 间 2022 年 11 月 25 日
第 八 次 抽 检 时 间 2023 年 05 月 25 日
所有指标均符合《优质巴氏杀菌乳》标准

优质乳产品名称 长富巴氏鲜奶鲜牛奶 200mL 玻璃瓶
优质乳产品编号 CEMA-N00406PM
验 收 时 间 2018 年 08 月 05 日
第一次复评审时间 2020 年 08 月 10 日
第二次复评审时间 2022 年 11 月 09 日
第 一 次 抽 检 时 间 2019 年 08 月 19 日
第 二 次 抽 检 时 间 2020 年 04 月 11 日
第 三 次 抽 检 时 间 2020 年 07 月 30 日
第 四 次 抽 检 时 间 2021 年 06 月 06 日
第 五 次 抽 检 时 间 2021 年 12 月 07 日
第 六 次 抽 检 时 间 2022 年 06 月 10 日
第 七 次 抽 检 时 间 2022 年 11 月 25 日
第 八 次 抽 检 时 间 2023 年 05 月 25 日
所有指标均符合《优质巴氏杀菌乳》标准

优质乳产品名称 长富致鲜巴氏鲜奶鲜牛奶 475mL 屋顶盒
优质乳产品编号 CEMA-N00407PM
验 收 时 间 2018 年 08 月 05 日
第一次复评审时间 2020 年 08 月 10 日
第二次复评审时间 2022 年 11 月 09 日
第 一 次 抽 检 时 间 2019 年 08 月 19 日
第 二 次 抽 检 时 间 2020 年 04 月 11 日
第 三 次 抽 检 时 间 2020 年 07 月 30 日
第 四 次 抽 检 时 间 2021 年 06 月 06 日
第 五 次 抽 检 时 间 2021 年 12 月 07 日
第 六 次 抽 检 时 间 2022 年 06 月 10 日
第 七 次 抽 检 时 间 2022 年 11 月 25 日
第 八 次 抽 检 时 间 2023 年 05 月 25 日
所 有 指 标 均 符 合《优质巴氏杀菌乳》标准

优质乳产品名称	长富致鲜巴氏鲜奶鲜牛奶 950mL 屋顶盒
优质乳产品编号	CEMA-N00408PM
验收时间	2018 年 08 月 05 日
第一次复评审时间	2020 年 08 月 10 日
第二次复评审时间	2022 年 11 月 09 日
第一次抽检时间	2019 年 08 月 19 日
第二次抽检时间	2020 年 04 月 11 日
第三次抽检时间	2020 年 07 月 30 日
第四次抽检时间	2021 年 06 月 06 日
第五次抽检时间	2021 年 12 月 07 日
第六次抽检时间	2022 年 06 月 10 日
第七次抽检时间	2022 年 11 月 25 日
第八次抽检时间	2023 年 05 月 25 日
所有指标均符合《优质巴氏杀菌乳》标准	

优质乳产品名称	长富巴氏鲜奶鲜牛奶 221mL 袋
优质乳产品编号	CEMA-N00409PM
验收时间	2018 年 08 月 05 日
第一次复评审时间	2020 年 08 月 10 日
第二次复评审时间	2022 年 11 月 09 日
第一次抽检时间	2019 年 08 月 19 日
第二次抽检时间	2020 年 04 月 11 日
第三次抽检时间	2020 年 07 月 30 日
第四次抽检时间	2021 年 06 月 06 日
第五次抽检时间	2021 年 12 月 07 日
第六次抽检时间	2022 年 06 月 10 日
第七次抽检时间	2022 年 11 月 25 日
第八次抽检时间	2023 年 05 月 25 日
所有指标均符合《优质巴氏杀菌乳》标准	

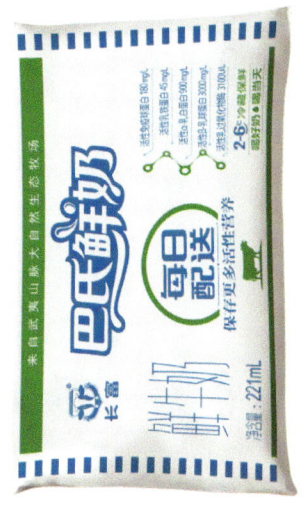

优质乳产品名称	长富学生巴氏鲜奶鲜牛奶 150mL 注塑杯
优质乳产品编号	CEMA-N00410PM
验收时间	2021 年 06 月 06 日
第一次复评审时间	2022 年 11 月 09 日
第一次抽检时间	2021 年 06 月 06 日
第二次抽检时间	2021 年 12 月 07 日
第三次抽检时间	2022 年 06 月 10 日
第四次抽检时间	2022 年 11 月 25 日
第五次抽检时间	2023 年 05 月 25 日
所有指标均符合《优质巴氏杀菌乳》标准	

三、优质乳工程启动

2014年8月，长富乳品向国家奶业科技创新联盟提交申请表和企业生产情况调查表等材料，申请实施优质乳工程。经过专家的现场调研与技术指导，长富乳品于2016年6月全面启动实施国家优质乳工程。

长富乳品关于成立优质乳工程工作小组的通知

国家奶业科技创新联盟理事长王加启与副理事长郑楠在长富乳品加工厂调研指导

国家奶业科技创新联盟秘书长张养东在长富乳品奶源牧场调研指导

四、优质乳工程验收

根据《国家优质乳工程管理办法》规定，奶业联盟委托第三方检测机构与行业专家于2016年10月对长富乳品加工厂、奶源牧场开展了现场验证和验收。现场验证内容主要包括：产品的奶源（牧场）、加工前的投料罐原料奶和申请优质乳工程验收的每种巴氏奶产品验证，生产优质乳产品生产线的保留时间和保持温度的验证，优质乳产品储藏、运输和销售终端冷链温度的验证，牧场奶源生产管理情况、加工厂工艺参数控制、产品质量控制情况的现场查看和记录验证等。

2017年2月15日，国家奶业科技创新联盟组织专家听取长富乳品优质乳工程实施进展汇报、现场查阅企业验收资料，专家组讨论后宣布其奶源、加工工艺和产品符合《国家优质乳工程管理办法》验收标准，并形成长富乳品通过优质乳工程验收决议。

长富乳品优质乳工程评审验收会（2017年2月15日）

长富乳品通过优质乳工程验收新闻发布会
（2017年2月16日）

长富乳品优质乳产品生产线1#

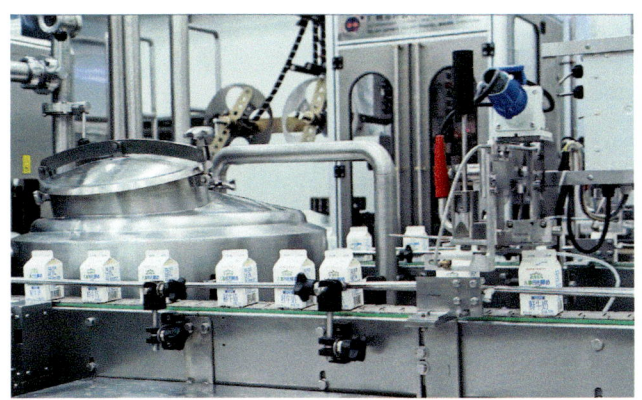

长富乳品优质乳产品生产线2#

长富乳品前处理自动化生产车间

五、优质乳工程复评审验收

根据《国家优质乳工程管理办法》规定，国家奶业科技创新联盟2018年8月、2020年8月和2022年11月对长富乳品开展了复评审验收工作，奶源、生产线、产品及储运环节等与验收要求一致。

2022年11月9日，国家奶业科技创新联盟组织专家听取长富乳品优质乳工程实施进展汇报、现场查阅企业复评审资料，宣布其奶源符合《生乳用途分级技术规范》（T/TDSTIA 001—2019）的规定、工艺符合《优质巴氏杀菌乳加工工艺技术规范》（T/TDSTIA 011—2019）的规定、巴氏杀菌乳产品符合《优质巴氏杀菌乳》（T/TDSTIA 004—2019）的规定，并宣布长富乳品全品类巴氏杀菌奶产品通过优质乳工程第三次复评审。

长富乳品优质乳工程第一次复评审验收会议
（2018年8月5日）

长富乳品通过优质乳工程第二次复评审验收发布会
（2020年8月10日）

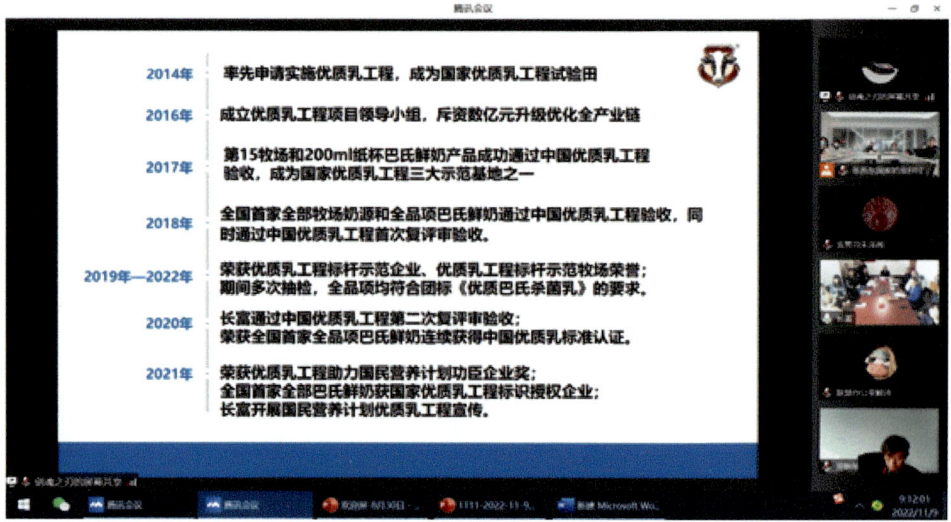

长富乳品优质乳工程第三次复评审验收会议（2022年11月9日）

六、优质乳工程抽检

根据《国家优质乳工程管理办法》规定，国家奶业科技创新联盟委托第三方检测机构分别于 2019 年 8 月、2020 年 4 月、2020 年 7 月、2021 年 6 月、2021 年 12 月、2022 年 6 月、2022 年 11 月和 2023 年 5 月对长富乳品通过优质乳工程验收的巴氏奶产品及其奶源开展抽检工作。

长富乳品通过优质乳工程验收的全部巴氏奶产品参加联盟组织的历次抽检，各项指标检测结果均符合《优质巴氏杀菌乳》（T/TDSTIA 004—2019）的规定：糠氨酸 ≤ 12mg/100g 蛋白质，乳铁蛋白 ≥ 25mg/L，β-乳球蛋白 ≥ 2 200mg/L。

七、企业开展的优质乳工程活动

（一）举办四届中国优质乳工程巴氏鲜奶发展论坛

第一届中国优质乳工程巴氏鲜奶发展论坛：2017 年 8 月 22 日，国家奶业科技创新联盟主办，长富乳品承办的"第一届中国优质乳工程巴氏鲜奶发展论坛"在福建福州召开。本届论坛发布了《福州宣言》，首次将国家优质乳核心标准明确为天然活性营养。牛奶中的天然活性营养只存在于巴氏鲜奶中，未来国内将全面普及巴氏鲜奶，预示着我国奶业将加速进入巴氏鲜奶时代。

第一届中国优质乳工程巴氏鲜奶发展论坛（2017 年 8 月 22 日）

第二届中国优质乳工程巴氏鲜奶发展论坛：2018年8月20日，国家奶业科技创新联盟主办、长富乳品承办的"第二届中国优质乳工程巴氏鲜奶发展论坛"在福建厦门召开。本届论坛正式公布了优质乳工程的技术规范，这是中国优质乳工程推行以来，首度正式公布技术规范，填补了行业的空白。

第二届中国优质乳工程巴氏鲜奶发展论坛（2018年8月20日）

第三届中国优质乳工程巴氏鲜奶发展论坛：2019年8月20日，国家奶业科技创新联盟主办，长富乳品承办的"第三届中国优质乳工程巴氏鲜奶发展论坛"在福建武夷山召开。在本届论坛上全国50家乳企，联合发布了《新时代中国优质乳发展共同行动纲领》，大力打造本土优质奶，提振消费信心，助力民族奶业振兴。

第三届中国优质乳工程巴氏鲜奶发展论坛（2019年8月20日）

第四届中国优质乳工程巴氏鲜奶发展论坛：2022年11月25日国家奶业科技创新联盟主办，长富乳品承办的"第四届中国优质乳工程巴氏鲜奶发展论坛"在北京召开。国家优质乳工程实施团队——国家奶业科技创新联盟明确提出：活性营养是优质乳的核心标准"，并正式发布"国家优质乳工程标识"（优工联标识）。福建长富乳品有限公司成为"全国首家全部巴氏鲜奶获国家优质乳工程标识授权"的乳品企业。同时，与会的64家乳企联合发布共同行动纲领，坚决践行优质乳工程，打造本土优质奶，助力《国民营养计划》落地实施。

第四届中国优质乳工程巴氏鲜奶发展论坛（2022年11月25日）

（二）长富乳品优质乳工程牧场调研

2019年8月14日，国家奶业科技创新联盟理事长王加启率队赴长富乳品优质乳工程牧场第十四牧场调研，指导优质生乳生产工作。第十四牧场是科技特派员实践基地，是习近平总书记在福建任省长期间落实的一项科技引领产业发展政策的成果体现，至今，正好是20周年。第十四牧场在优质乳工程的技术指导下，生乳指标优于欧盟和美国标准。

国家奶业科技创新联盟理事长王加启在长富乳品牧场调研指导（2019年8月14日）

（三）优质乳工程标杆示范企业和优质乳工程标杆示范牧场

2018年联盟理事长工作会议上，长富乳品被评为"优质乳工程标杆示范企业"，长富牧场被评为"优质乳工程标杆示范牧场"。

长富乳品被评为"优质乳工程标杆示范企业"

长富牧场被评为"优质乳工程标杆示范牧场"

（四）长富乳品荣获中国优质乳工程奖项

2019年5月5日，第六届"奶牛营养与牛奶质量"国际研讨会上，长富乳品荣获国家奶业科技创新联盟颁发的"优质乳工程科技创新奖"和"优质乳工程科普贡献奖"；在该届"奶牛营养与牛奶质量"国际研讨会上首次举办的千人品鉴优质乳活动中，长富巴氏100%鲜牛奶获得"外国友人最喜爱金奖"产品称号，美国哈佛医学院麻省总医院Fasano教授认为长富巴氏100%鲜牛奶是优质的产品，并希望长富乳品会发展得更好。

福建长富乳品有限公司荣获"优质乳工程科技创新奖"

长富乳品荣获"优质乳工程科普贡献奖"

长富巴氏 100% 鲜牛奶产品荣获
"外国友人最喜爱金奖"产品称号

2021年4月18日，在国家奶业科技创新联盟2021年工作会议上，长富乳品被授予"优质乳工程助力健康中国先进企业"，公司董事长、总经理蔡永康荣获"奶业优质发展突出贡献奖"个人称号。

长富乳品荣获"优质乳工程助力健康中国先进企业"

长富乳品董事长、总经理蔡永康荣获
"奶业优质发展突出贡献奖"个人称号

2022年11月26日，在第七届"奶牛营养与牛奶质量"国际研讨会议上，长富乳品荣获"优质乳工程助力国民营养计划功臣企业奖""国际合作贡献金奖"，长富乳品董事长、总经理蔡永康荣获"优质乳工程助力国民营养计划功臣奖"个人称号。国家优质乳工程实施团队——国家奶业科技创新联盟，在中国优质乳工程巴氏鲜奶发展论坛上明确提出："活性营养是优质乳的核心标准"，并正式发布"国家优质乳工程标识"（优工联标识）。福建长富乳品有限公司成为"全国首家全部巴氏鲜奶获国家优质乳工程标识授权"的乳品企业。长富致鲜巴氏鲜牛奶荣获"品质信赖金奖"

长富乳品荣获"优质乳工程助力国民营养计划功臣企业奖"

长富乳品荣获"国际合作贡献金奖"

长富乳品董事长、总经理蔡永康荣获"优质乳工程助力国民营养计划功臣奖"个人称号

长富乳品成为全国首家全部巴氏鲜奶获国家优质乳工程标识授权的企业

长富致鲜巴氏鲜牛奶荣获"品质信赖金奖"

（五）提升检测能力

长富乳品自 2017 年起，积极安排人员参加农业农村部奶及奶制品质量安全监督检验测试中心（北京）组织的牛奶中糠氨酸、乳果糖、乳铁蛋白、α-乳白蛋白和β-乳球蛋白等指标检测技术现场培训，长富乳品质量检测中心实验室具备自主完成优质乳产品核心指标的检测能力。

2021 年长富乳品中心化验室重新建设，全面升级，拥有实验场地总面积 800 多平方米，配备完善的检测仪器和设备。现有检验人员均具有食品相关专业的大专以上学历，经过严格的岗前培训，持证上岗，有着良好的专业素质和检验能力。中心化验室已经建立健全全产业链的质量管理控制体系和产品质量全程可追溯的实验室信息管理系统。

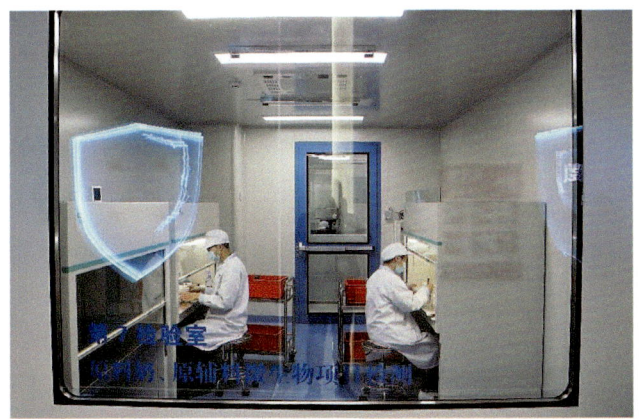
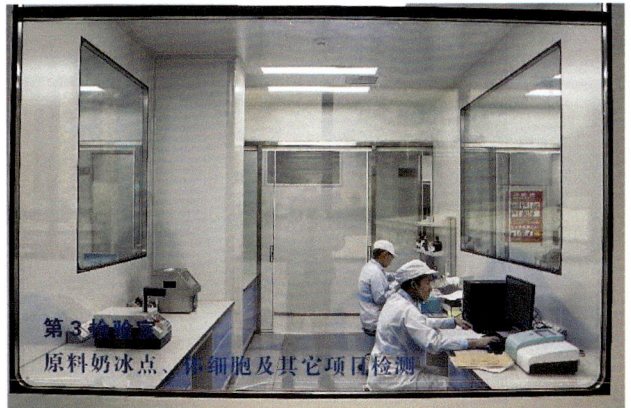

长富乳品中心化验室检测人员进行优质乳产品相关指标检测

（六）宣传优质乳工程活动情况

长富乳品自 2017 年起，针对小朋友及家长开展了"长富牛奶营养小课堂"的科普宣传活动，引导消费者正确消费优质乳。

长富乳品在厦门市举办的亲子 DIY 活动

2022 年 9 月 6 日，第十三届中国奶业大会、2022 中国奶业 20 强（D20）峰会暨 2022 中国奶业展览会在山东济南盛大开幕。峰会期间，农业农村部副部长马有祥，山东省人民政府副省长江成以及其他各级领导，中国工程院院士、中国奶业协会会长李德发及副会长兼秘书长刘亚清，国家奶业科技创新联盟理事长王加启等分别到长富乳品展馆进行参观指导，与公司董事长兼总经理蔡永康亲切交流，详细了解长富近年来持续推进国家优质乳工程，助力健康中国战略建设，发展绿色循环经济，带动乡村振兴等发展情况。

农业农村部副部长马有祥对长富践行国家优质乳工程、设立"国民营养社区公益体验馆"等行动取得的成绩给予了高度评价，认为这一举措不仅是对民族奶业发展的创新推动，更是对国民营养计划落地、健康中国建设的有力支撑，同时，他对于长富取得的"全国首家全部巴氏鲜奶获国家优质乳工程标识授权"的成绩赞誉有加，希望未来长富能保持竞争力，发挥先驱作用，继续领跑巴氏鲜奶领域，不断推动中国奶业做优做强。

农业农村部副部长马有祥（右二）、山东省人民政府副省长江成（左三）深入了解长富乳品近年来发展情况

国家奶业科技创新联盟理事长王加启（右一）对长富乳品践行国家优质乳工程给予充分肯定

为响应国家建设健康中国的号召、践行国家优质乳工程、助力国民营养计划，长富乳品于2022年1月发起了《国民营养计划》社区公益宣讲员项目，通过面向社会大众以公益大讲堂的形式，宣讲科学膳食知识、优质乳知识；以自愿报名的原则，招募公益宣讲员，经过系统的牛奶科学知识的培训学习和考核，参与者可获得由福建省奶业协会认证的公益宣讲员聘书及工作证，并通过公益宣讲员将牛奶知识的科普宣传带进千家万户。

截至2023年，在福建省各地市，江西省上饶、抚州、赣州，浙江省衢州龙游等地的71个体验馆开展了公益宣讲员项目，累计开展培训487期，公益宣讲员人数达20 598名。该项目的开展将牛奶知识进一步传播给更多的社会大众，参加过培训的宣讲员们表示这是一场非常有意义的学习，学到的牛奶知识很实用，让他们对牛奶有更加科学理性的认

南平市延平区国民营养计划社区公益宣讲员第一期培训班合影

知，知道为什么要喝牛奶、如何选择最优质的牛奶、也解答了他们常见的饮奶误区和困惑。宣讲员们积极参与学习的同时还主动分享，将所学的知识分享给家人、朋友、邻里街坊，共同为建设健康中国、实现伟大民族复兴打好坚实的健康基础。

国民营养计划社区公益宣讲员上课培训，学习牛奶知识和优质乳知识

企 业 名 称： 辽宁辉山乳业集团（沈阳）有限公司

优质乳企业编号： CEMA-N005

法 定 代 表 人： 张 梦

企 业 地 址： 沈阳市沈北新区虎石台北大街 120 号

一、企业介绍

辽宁辉山乳业集团（沈阳）有限公司（以下简称"辉山乳业"）总部位于中国辽宁，是国内率先践行乳业全产业链模式的乳制品企业之一。辉山乳业的品牌历史可以追溯到1951年，2020年11月11日，越秀集团成功重组辉山乳业，也标志着辉山乳业迈入新的发展时代。

辽宁辉山乳业集团有限公司工厂

辉山乳业优质示范牧场

二、优质乳工程奶源牧场与产品介绍

辉山乳业共有 1 款巴氏杀菌产品通过国家优质乳工程验收。辉山乳业优质乳产品对应 2 家供应优质奶源牧场和 1 条巴氏杀菌生产线,优质乳产品生产线为"瑞典利乐巴氏杀菌生产线,加工工艺 75℃/15s"。

辉山乳业优质奶源牧场名称及编号

序号	企业名称	优质奶源牧场名称	优质奶源牧场编号
1	辽宁辉山乳业集团(沈阳)有限公司	辽宁辉山乳业集团栖霞牧业有限公司大康现代化奶牛养殖场	CEMA-N005DF001
2		辽宁辉山乳业集团栖霞牧业有限公司敖牛堡现代化奶牛养殖场	CEMA-N005DF002

辉山乳业优质乳生产线名称及编号

序号	企业名称	优质乳生产线名称	加工工艺	生产线编号
1	辽宁辉山乳业集团(沈阳)有限公司	瑞典利乐巴氏杀菌生产线	75℃/15s	CEMA-N005PL01

辉山乳业优质乳产品名称及编号

序号	企业名称	产品名称	优质乳产品编号
1	辽宁辉山乳业集团(沈阳)有限公司	辉山 75℃鲜鲜牛奶 220mL 爱克林袋	CEMA-N00504PM

优质乳产品名称 辉山 75℃鲜鲜牛奶 220mL 爱克林袋
优质乳产品编号 CEMA-N00504PM
验 收 时 间 2017 年 03 月 18 日
第一次复评审时间 2019 年 09 月 20 日
第一次抽检时间 2020 年 05 月 17 日
第二次抽检时间 2020 年 11 月 15 日
第三次抽检时间 2021 年 11 月 26 日
第四次抽检时间 2022 年 05 月 22 日
第五次抽检时间 2022 年 10 月 23 日
第六次抽检时间 2023 年 03 月 24 日
第七次抽检时间 2023 年 07 月 10 日
所有指标均符合《优质巴氏杀菌乳》标准

三、优质乳工程启动

辉山乳业于 2016 年上半年向国家奶业科技创新联盟提交申请表和企业生产情况调查表等，申请实施优质乳工程。经过专家的现场调研与技术指导，辉山乳业于同年 7 月全面启动实施国家优质乳工程。

辉山乳业关于成立优质乳工程小组的通知

国家奶业科技创新联盟理事长王加启在辉山乳业牧场指导生产

国家奶业科技创新联盟副理事长顾佳升在辉山乳业培训指导

国家奶业科技创新联盟秘书长张养东在辉山乳业牧场指导生产

四、优质乳工程验收

根据《国家优质乳工程管理办法》规定，奶业联盟委托第三方检测机构与行业专家于2017年2月对辉山乳业加工厂、奶源牧场开展了现场验证和验收。现场验证内容包括：产品的奶源（牧场）、加工前奶源的投料罐和申请优质乳工程验收的每种巴氏奶产品的验证，生产优质乳产品生产线的保留时间和保持温度的验证，优质乳产品储藏、运输和销售终端冷链温度的验证，牧场奶源生产管理情况、加工厂工艺参数控制、产品质量控制情况的现场查看和记录验证等。

2017年3月18日，国家奶业科技创新联盟组织专家听取辉山乳业优质乳工程实施进展汇报、现场查阅企业验收资料，专家组讨论后宣布其奶源、加工工艺和产品符合《国家优质乳工程管理办法》验收标准，并形成辉山乳业通过优质乳工程验收的决议。

辉山乳业优质乳工程评审验收会
（2017年3月17日）

辉山乳业通过优质乳工程验收新闻发布会及
授牌仪式（2017年3月18日）

辉山乳业优质乳生产线的灌装机

辉山乳业优质乳生产线的巴氏杀菌机

五、优质乳工程复评审验收

根据《国家优质乳工程管理办法》规定，国家奶业科技创新联盟于 2019 年 9 月对辉山乳业开展了复评审验收工作，奶源、生产线、产品及储运环节等与验收要求一致。

辉山乳业第一次复评审会议（2019 年 9 月 20 日）

六、优质乳工程抽检

根据《国家优质乳工程管理办法》规定，国家奶业科技创新联盟委托第三方检测机构分别于 2020 年 5 月、2020 年 11 月、2021 年 11 月、2022 年 5 月、2022 年 10 月、2023 年 3 月和 2023 年 7 月对辉山乳业通过优质乳工程验收的巴氏奶产品及其奶源开展抽检工作。

辉山乳业通过优质乳工程验收的巴氏奶产品参加联盟组织的历次抽检，各项指标检测结果均符合《优质巴氏杀菌乳》(T/TDSTIA 004—2019) 的规定：糠氨酸≤12mg/100g 蛋白质，乳铁蛋白≥25mg/L，β-乳球蛋白≥2 200mg/L。

七、企业开展的优质乳工程活动

从 2017 年起，辉山乳业不断丰富推广形式，创新 O2O 推广模式，带给消费者更便捷的消费体验，持续对以巴氏鲜奶为代表的优质乳产品进行宣传教育，向消费者传递"鲜活生活"的消费理念。

辽宁辉山乳业集团（沈阳）有限公司

企业开展的优质乳工程活动

让爱更美好

企 业 名 称： 重庆市天友乳业股份有限公司

优质乳企业编号： CEMA-N008

法 定 代 表 人： 费 睿

企 业 地 址： 重庆市渝北区金石大道 99 号

一、企业介绍

重庆市天友乳业股份有限公司（以下简称"天友乳业"）始创于 1931 年，前身为重庆牛奶场，是一家具有近 90 年历史的全产业链乳制品企业。公司以加工经营乳制品为主，下设三个大型乳品加工厂、天友牧业公司等。公司积极实施优质奶源基地全国布局的战略，按照现代化的养殖模式建设了 7 个生态牧场，拥有重庆 95% 优质奶源，并同时布局黄金奶源带，在四川、宁夏、陕西等投资兴建具有国内领先水平的现代化大型牧场，有效带动了牧草种植、饲料等相关产业的快速发展，实现奶业产业链的整体良性发展。2017 年 4 月，天友乳业通过"中国优质乳工程"验收，成为全国首个通过"中国优质乳工程"验收的国有企业，有力地提升了企业品牌及产品形象。

重庆市天友乳业股份有限公司优质乳示范牧场

重庆市天友乳业股份有限公司工厂

二、优质乳工程奶源牧场与产品介绍

　　天友乳业共有 2 款巴氏杀菌奶产品通过国家优质乳工程验收。天友乳业优质乳产品对应 4 家供应优质奶源牧场和 1 条巴氏杀菌生产线,优质乳产品生产线为"5 吨巴氏杀菌生产线,加工工艺 80℃/15s"。

天友乳业优质奶源牧场名称及编号

序号	企业名称	优质奶源牧场名称	生产线编号
1	重庆市天友乳业股份有限公司	宣汉大巴山牧业发展有限公司	CEMA-N008DF001
2		重庆市天合牧业发展有限公司	CEMA-N008DF002
3		重庆市天友纵横牧业发展有限公司两江养殖场	CEMA-N008DF003
4		重庆市天翼牧业发展有限公司	CEMA-N008DF004

天友乳业优质乳生产线名称及编号

序号	企业名称	优质乳生产线名称	加工工艺	生产线编号
1	重庆市天友乳业股份有限公司	5 吨巴氏杀菌生产线	80℃/15s	CEMA-N008PL01

天友乳业优质乳产品名称及编号

序号	企业名称	产品名称	优质乳产品编号
1	重庆市天友乳业股份有限公司	天友纯鲜牛奶 950mL 屋顶盒	CEMA-N00803PM
2		天友家里养头奶牛鲜牛奶 1L PE 瓶	CEMA-N00804PM

优质乳产品名称 天友纯鲜牛奶 950mL 屋顶盒
优质乳产品编号 CEMA-N00803PM
验 收 时 间 2019 年 09 月 11 日
复 评 审 时 间 2020 年 01 月 05 日
第一次抽检时间 2019 年 09 月 11 日
第二次抽检时间 2020 年 06 月 06 日
第三次抽检时间 2020 年 11 月 24 日
第四次抽检时间 2021 年 10 月 14 日
第五次抽检时间 2022 年 03 月 28 日
第六次抽检时间 2022 年 09 月 14 日
第七次抽检时间 2023 年 04 月 08 日
第八次抽检时间 2023 年 08 月 09 日
所有指标均符合《优质巴氏杀菌乳》标准

优质乳产品名称	天友家里养头奶牛鲜牛奶 1LPE 瓶
优质乳产品编号	CEMA-N00804PM
验　收　时　间	2022 年 03 月 28 日
第 一 次 抽 检 时 间	2022 年 03 月 28 日
第 二 次 抽 检 时 间	2022 年 09 月 14 日
第 三 次 抽 检 时 间	2023 年 04 月 08 日
第 四 次 抽 检 时 间	2023 年 08 月 09 日

所有指标均符合《优质巴氏杀菌乳》标准

三、优质乳工程启动

2016 年 8 月，天友乳业向国家奶业科技创新联盟提交申请表和企业生产情况调查表等材料，申请实施优质乳工程。经过专家的现场调研与技术指导，天友乳业于 2016 年 10 月全面启动实施国家优质乳工程。

天友乳业关于成立优质乳工程领导小组和工作小组的通知

国家奶业科技创新联盟理事长王加启、秘书长张养东在天友乳业牧场指导

国家奶业科技创新联盟副理事长顾佳升、秘书长张养东在天友乳业牧场指导

四、优质乳工程验收

根据《国家优质乳工程管理办法》规定,国家奶业科技创新联盟委托第三方检测机构与行业专家于 2017 年 4 月对天友乳业加工厂、奶源牧场开展了现场验证和验收。现场验证内容包括:产品的奶源(牧场)、加工前投料罐中的原料奶和申请优质乳工程验收的每种巴氏奶产品验证,生产优质乳产品生产线的保留时间和保持温度的验证,优质乳产品储藏、运输和销售终端冷链温度的验证,牧场奶源生产管理情况、加工厂工艺参数控制、产品质量控制情况的现场查看和记录验证等。

2017 年 4 月 15 日,国家奶业科技创新联盟组织专家听取天友乳业优质乳工程实施进展汇报、现场查阅企业验收资料,专家讨论后宣布其奶源、加工工艺和产品符合《国家优质乳工程管理办法》验收标准,并形成天友乳业通过优质乳工程验收的决议。

天友乳业股份有限公司优质乳工程验收会(2017 年 4 月 15 日)

天友乳业股份有限公司通过验收新闻发布会(2017 年 4 月 15 日)

五、优质乳工程复评审验收

根据《国家优质乳工程管理办法》规定，国家奶业科技创新联盟 2020 年 1 月对天友乳业开展了第一次复评审验收工作，奶源、生产线、产品及储运环节等与验收要求一致。

2020 年 1 月 5 日，国家奶业科技创新联盟组织专家听取天友乳业优质乳工程实施进展汇报、现场查阅企业复评审资料，宣布其奶源符合《生乳用途分级技术规范》（T/TDSTIA 001—2019）的规定、工艺符合《优质巴氏杀菌乳加工工艺技术规范》（T/TDSTIA 011—2019）的规定、巴氏杀菌乳产品符合《优质巴氏杀菌乳》（T/TDSTIA 004—2019）的规定，并宣布天友乳业巴氏杀菌产品通过优质乳工程第一次复评审。

天友乳业优质乳工程第一次复评审验收会议（2020 年 1 月 5 日）

六、优质乳工程抽检

根据《国家优质乳工程管理办法》规定，国家奶业科技创新联盟委托第三方检测机构分别于 2019 年 2 月、2019 年 9 月、2020 年 6 月、2020 年 11 月、2021 年 10 月、2022 年 3 月、2022 年 9 月、2023 年 4 月和 2023 年 8 月对天友乳业通过优质乳工程验收的巴氏奶产品及其奶源开展抽检工作。

天友乳业通过优质乳工程验收的全部巴氏奶产品参加联盟组织的历次抽检，各项指标检测结果均符合《优质巴氏杀菌乳》（T/TDSTIA 004—2019）的规定：糠氨酸 ≤ 12mg/100g 蛋白质，乳铁蛋白 ≥ 25mg/L，β - 乳球蛋白 ≥ 2 200mg/L。

七、企业开展的优质乳工程活动

（一）天友乳业调研沟通

2019年4月11日，国家奶业科技创新联盟副理事长顾佳升和秘书长张养东到天友乳业调研，沟通交流优质乳工程实施进展情况。

（二）天友乳业荣获中国优质乳工程奖项

2019年5月5日，第六届"奶牛营养与牛奶质量"国际研讨会上，天友乳业荣获国家奶业科技创新联盟颁发的"优质乳工程科技创新奖"；在该届"奶牛营养与牛奶质量"国际研讨会上首次举办的千人品鉴优质乳活动中，天友鲜活时速鲜牛奶产品荣获"消费者最喜爱金奖"产品称号，美国伊利诺伊大学Loor教授表示自己第一次尝到如此新鲜的牛奶，称天友鲜牛奶产品非常棒！

天友乳业荣获
"优质乳工程科技创新奖"

天友鲜活时速鲜牛奶产品荣获
"消费者最喜爱金奖"产品称号

2021年4月18日，在国家奶业科技创新联盟2021年工作会议上，天友乳业被授予"优质乳工程助力健康中国先进企业"，公司董事长费睿荣获"奶业优质发展突出贡献奖"个人称号。

天友乳业荣获"优质乳工程助力
健康中国先进企业"

天友乳业董事长费睿荣获
"奶业优质发展突出贡献奖"个人称号

2022年11月26日，在第七届"奶牛营养与牛奶质量"国际研讨会议上，天友乳业获"优质乳工程助力国民营养计划功臣企业奖"，天友董事长费睿荣获"优质乳工程助力国民营养计划功臣奖"个人称号。

（三）优质乳工程示范工厂和优质乳工程示范牧场

国家奶业科技创新联盟工作会议（2020年8月29日）

2020年8月29日，在国家奶业科技创新联盟工作会议上，天友乳业加工厂被授予"优质乳工程示范工厂"，天友乳业宣汉大巴山牧场被授予"优质乳工程示范牧场"。

授牌现场

（四）提升检测能力

天友乳业从 2017 年起，积极安排人员参加农业农村部奶及奶制品质量安全监督检验测试中心（北京）组织的牛奶中糠氨酸、乳果糖、乳铁蛋白、α-乳白蛋白和β-乳球蛋白等指标检测技术现场培训，天友乳业检测中心实验室具备独立完成优质乳产品核心指标检测能力。

天友乳业实验室检测人员进行优质乳产品相关指标检测

（五）宣传优质乳活动情况

天友乳业从 2017 年起，针对消费者开展了多次牛奶营养知识科普宣传活动及新鲜工厂行活动引导消费者正确认识优质乳，树立科学健康的乳品消费理念。

天友乳业举办消费者走进工厂活动

天友乳业针对小朋友开展饮奶知识普及宣传课堂活动

企 业 名 称： 中垦华山牧乳业有限公司

优质乳企业编号： CEMA-N010

法 定 代 表 人： 胡　刚

企 业 地 址： 陕西省渭南市高新技术产业开发区中垦大道

一、中垦华山牧乳业有限公司简介

中垦华山牧乳业有限公司（以下简称"华山牧乳业"）成立于2015年8月，是中垦乳业股份有限公司成立之后的第一个全资子公司。公司注册资金叁亿伍仟万元人民币，所属30万吨优质乳加工基地位于陕西省渭南市高新经济技术产业开发区中垦大道，一期总投资约3亿元，于2017年3月建成投产。

公司按照"本地化、新鲜化、优质化、组团式发展"的商业模式布局西北市场的重要载体，是中垦乳业西北片区的核心业务平台。公司投产以来，产品品质得到消费者广泛好评，销量逐年翻番增长。公司以"良品华山牧，鲜活新高度"为核心理念，"华山牧"品牌定位于高品质鲜牛奶，以"新标准、新品质、新巅峰"为核心理念，以最大程度保留牛奶中活性物质为产品价值观，以100%优于欧盟标准生鲜乳为原料塑造产品的差异化卖点，以最合适的加工工艺和全程冷链为保障，并坚持严苛的匠心精神，扎实推进优质乳工程，致力于给消费者提供接近完美的乳制品。

2017年，公司通过质量安全管理体系、HACCP、GMP、有机产品认证；2019年，华山牧乳业工业旅游区通过国家3A级景区验收；2020年，公司通过环境管理体系、职业健康安全管理体系认证；2021年，通过知识产权管理体系认证。2023年通过能源管理体系

中垦华山牧乳业有限公司工厂全景

认证。公司与西北农林科技大学、陕西科技大学等高校达成战略合作，引领陕西省低温乳制品市场提档升级。

同时，公司投资 1 000 余万元建有一个乳制品安全检测中心和一个乳制品研发中心。拥有先进的检测、实验设备和优秀的人员配置。检测、研发设备均采用全球行业领先品牌，包括丹麦 FOSS 乳成分分析仪、丹麦 FOSS 体细胞仪、德国耶拿原子吸收色谱仪、美国安捷伦液相色谱仪、安捷伦气相色谱仪、英国 SMS 质构仪 TA.XT Plus，德国 APV 实验室均质机、上海沃迪实验用酸奶冷却机等重点监测、研发设备。

中垦华山牧乳业有限公司工厂大门

牧场大门

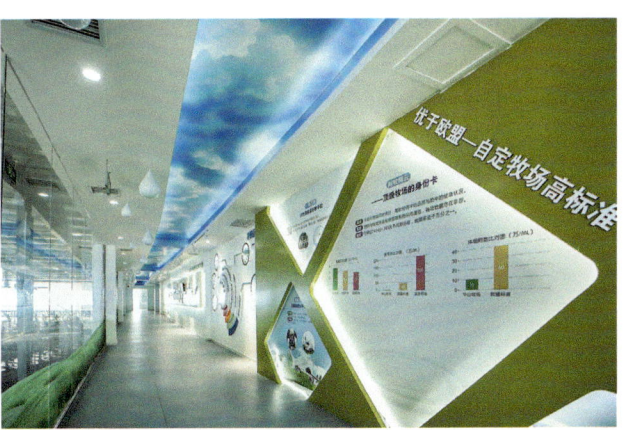

牧场参观走廊

二、中垦华山牧乳业有限公司加工厂介绍

中垦华山牧乳业有限公司于2017年3月正式建成投产，占地105亩，总建筑面积达3.4万平方米。工厂主要生产液体乳产品，包括巴氏奶、酸牛奶、灭菌乳、调制乳、含乳饮料等。华山牧乳业产品生产线采用国际领先的全自动化设计，其中生产环节最为重要的前处理关键环节采用瑞典利乐公司设备，通过中控室电脑就可全部完成操作；产品灌装环节现有来自德国、美国、意大利及国内一线知名品牌的灌装线11条。分别可实现无菌纸盒、PET瓶、玻璃瓶、纸塑杯、屋顶盒、HDPE瓶、自立袋等多种灌装形式，满足不同市场和消费需求。

中垦华山牧乳业有限公司联合生产车间

中垦华山牧乳业有限公司前处理车间

中垦华山牧乳业有限公司中控室

中垦华山牧乳业有限公司灌装间低温生产线

中垦华山牧乳业有限公司灌装间常温生产线

中垦华山牧乳业有限公司外包车间

三、优质乳工程产品介绍

华山牧乳业共有 2 款巴氏杀菌产品，1 款 UHT 灭菌乳通过国家优质乳工程验收。中心工厂优质乳产品对应 1 家供应优质奶源牧场和 2 条生产线，优质乳产品生产线为"10 吨巴氏杀菌生产线，加工工艺 75℃/15s"和"10 吨 UHT 灭菌生产线，加工工艺 136℃/4s"。

华山牧乳业优质乳生产线名称及编号

序号	企业名称	优质乳生产线名称	加工工艺	生产线编号
1	中垦华山牧乳业有限公司	10 吨巴氏杀菌生产线	75℃/15s	CEMA-N010PL01
2		10 吨 UHT 灭菌生产线	136℃/4s	CEMA-N010PL02

华山牧乳业优质乳产品名称及编号

序号	企业名称	产品名称	优质乳产品编号
1	中垦华山牧乳业有限公司	华山牧鲜活巴氏奶鲜牛奶 950mL 屋顶盒	CEMA-N01001PM
2		华山牧有机鲜牛奶 250mL PET 瓶	CEMA-N01005PM
3		华山牧牧场纯牛奶（250mL）	CEMA-N01006UHT

优 质 乳 产 品 名 称　华山牧鲜活巴氏杀菌乳 950mL 屋顶盒
优 质 乳 产 品 编 号　CEMA-N01001PM
验 　 收 　 时 　 间　2017 年 10 月 14 日
复 　 评 　 审 　 时 　 间　2020 年 08 月 27 日
第二次复评审时间　2023 年 01 月 06 日
第 一 次 抽 检 时 间　2018 年 11 月 12 日
第 二 次 抽 检 时 间　2019 年 12 月 01 日
第 三 次 抽 检 时 间　2020 年 06 月 08 日
第 四 次 抽 检 时 间　2020 年 11 月 06 日
第 五 次 抽 检 时 间　2021 年 05 月 07 日
第 六 次 抽 检 时 间　2021 年 12 月 04 日
第 七 次 抽 检 时 间　2022 年 04 月 23 日
第 八 次 抽 检 时 间　2022 年 10 月 31 日
所有指标均符合《优质巴氏杀菌乳》标准

优 质 乳 产 品 名 称　华山牧有机巴氏杀菌乳 250mL PET 瓶
优 质 乳 产 品 编 号　CEMA-N01005PM
验 　 收 　 时 　 间　2019 年 12 月 01 日
复 　 评 　 审 　 时 　 间　2020 年 08 月 27 日
第二次复评审时间　2023 年 01 月 06 日
第 一 次 抽 检 时 间　2019 年 12 月 01 日
第 二 次 抽 检 时 间　2020 年 06 月 08 日
第 三 次 抽 检 时 间　2020 年 11 月 06 日
第 四 次 抽 检 时 间　2021 年 05 月 07 日
第 五 次 抽 检 时 间　2021 年 12 月 04 日
第 六 次 抽 检 时 间　2022 年 04 月 23 日
第 七 次 抽 检 时 间　2022 年 10 月 31 日
所有指标均符合《优质巴氏杀菌乳》标准

优质乳产品名称 华山牧场纯牛奶（250mL）
优质乳产品编号 CEMA-N01006UHT
验 收 时 间 2023年01月06日
第一次抽检时间 2023年01月06日
第二次抽检时间 2023年03月10日
所有指标均符合《优质超高温瞬时灭菌乳》标准

四、优质乳工程启动

2016年12月11日，华山牧乳业请国家奶业科技创新联盟副理事长顾佳升到牧场和加工厂参观，并得到了顾老师的肯定。12日，顾老师对华山牧乳业全体员工进行优质乳工程培训，让华山牧乳业对优质乳有了更深刻的理解和认识。

根据《优质乳工程管理办法》规定，2017年2月中垦华山牧向国家奶业科技创新联盟提交申请表和企业生产情况调查表等材料，申请实施优质乳工程。经过专家的调研与技术指导，中垦华山牧于2017年3月全面启动实施优质乳工程。

中垦华山牧发布关于成立优质乳工程小组的通知中垦陕司文〔2017〕17号，组建小组以推进巴氏杀菌乳的"优质乳工程"申请及实施。2019年4月26日，为推进灭菌乳的"优质乳工程"，中垦华山牧乳文〔2019〕31号发文成立新的项目实施小组。

中垦华山牧关于成立巴氏杀菌乳优质乳工程小组的通知

中垦华山牧关于成立灭菌乳优质乳工程小组的通知

2017年3月29日，国家奶业科技创新联盟对中垦华山牧乳业有限公司和中垦华山牧业发展有限公司进行调研。针对国家奶业科技创新联盟提出的建议，优质乳项目实施小组成员进行了实施方案的讨论和确定。

2017年4月1日，中垦华山牧乳业完成糠氨酸检测方法的建立及指标监测。再经过半年多的努力，我们完成杀菌能力的验证、工艺确认和验证、生乳及成品的糠氨酸检测、投料前指标监控等。

2017年8月26日，中垦华山牧乳业向国家奶业科技创新联盟提交验收申请。

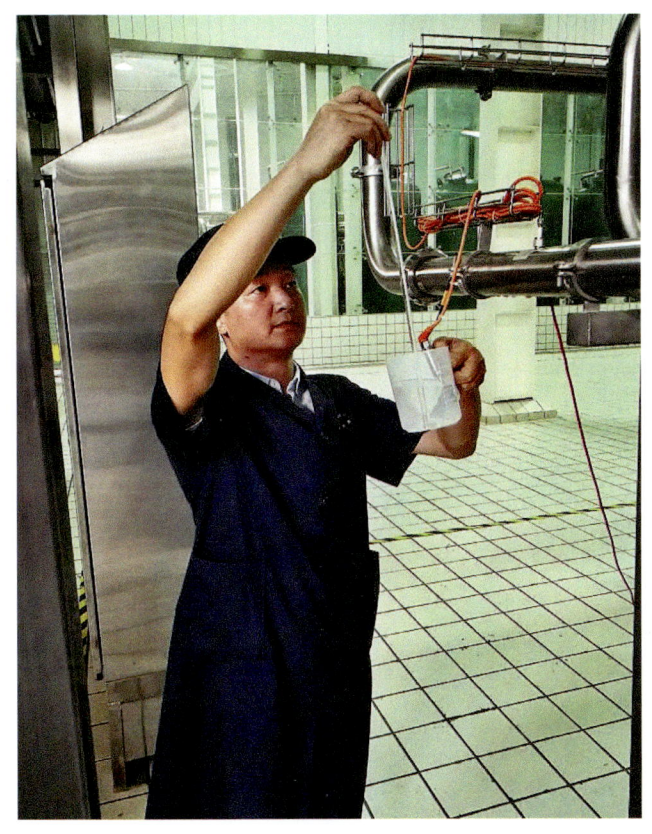

杀菌温度校准　　　　　　　　　　糠氨酸检测

五、优质乳工程验收

根据《优质乳工程管理办法》的相关规定，国家奶业科技创新联盟于 2017 年 10 月对中垦华山牧乳业工厂及优质乳相关牧场开展了验证和现场验收，包括产品的奶源（牧场）、加工前奶源的投料罐和每种优质乳产品的验证；所有生产优质乳产品生产线的保留时间和保持温度的验证；优质乳产品储藏、运输和销售终端冷链温度的验证；牧场奶源生产管理情况、加工工厂工艺参数控制、产品质量控制情况的现场查看和记录验证等。

2017 年 10 月 14 日，国家奶业科技创新联盟组织专家对中垦华山牧乳业工厂进行了项目验收，宣布其奶源、工艺和产品符合《优质生乳》（MRT/B 01—2018）和《优质巴氏杀菌乳》（MRT/B 02—2018）以及《优质乳工程管理办法》的规定，中垦华山牧乳业工厂通过优质乳工程的验收。

中垦华山牧乳业有限公司"中国优质乳工程"项目验收会（2017年10月14日）

中垦华山牧乳业有限公司"中国优质乳工程"项目验收会（2017年10月14日）

中垦华山牧乳业有限公司"中国优质乳工程"现场验收（2017年10月14日）

中垦华山牧乳业有限公司通过中国优质乳工程验收新闻发布会（2017年10月26日）

六、优质乳工程复评审验收

根据《优质乳工程管理办法》的相关规定，国家奶业科技创新联盟对中垦华山牧乳业工厂开展了复评审验收，奶源、生产线、产品及储运环节等与验收要求一致。

2020年8月，国家奶业科技创新联盟组织专家线上听取了企业汇报；查阅复评审检测结果，宣布其奶源符合《生乳用途分级技术规范》(T/TDSTIA 001—2019)的规定、工艺符合《优质巴氏杀菌乳加工工艺技术规范》(T/TDSTIA 011—2019)的规定、巴氏杀菌乳产品符合《优质巴氏杀菌乳》(T/TDSTIA 004—2019)的规定：糠氨酸≤12mg/100g 蛋白质，乳铁蛋白≥25mg/L，β-乳球蛋白≥2 200mg/L，中垦华山牧乳业工厂2款巴氏杀菌产品通过优质乳工程第一次复评审验收。

中垦华山牧乳业"中国优质乳工程"第一次复评审验收（2020年8月27日）

2023年1月6日，国家奶业科技创新联盟组织中垦华山牧乳业优质乳工程常温奶验收和巴氏杀菌乳第二次复评审验收会，农业农村部工程建设服务中心郭红宇主任携中国农业大学工学院院长韩鲁佳教授等专家组对中垦华山牧鲜活鲜牛奶、有机鲜牛奶、华山牧场纯牛奶进行线上验收评审。2款巴氏杀菌乳产品抽检指标符合《优质巴氏杀菌乳》(T/TDSTIA 004—2019)的规定，1款灭菌乳乳产品抽检指标符合《优质超高温瞬时灭菌乳》(T/TDSTIA 005—2019)的规定，验收通过。

中垦华山牧乳业优质乳工程常温奶验收和巴氏杀菌乳第二次复评审验收会（2023年1月6日）

七、优质乳工程抽检

根据《优质乳工程管理办法》规定，国家奶业科技创新联盟于2018年11月、2019年12月、2020年6月、2020年11月、2021年5月、2021年12月、2022年4月、

2022年10月、2022年12月和2023年3月对中垦华山牧乳业有限公司工厂开展了抽检工作。

参加抽检的两款优质乳工程巴氏杀菌乳产品各项指标符合《优质巴氏杀菌乳》（T/TDSTIA 004—2019）的规定；参加抽检的1款优质乳工程灭菌乳产品各项指标符合《优质超高温瞬时灭菌乳》（T/TDSTIA 005—2019）的规定。

八、企业开展的优质乳工程活动

（一）中垦华山牧乳业荣获优质乳工程科技创新奖

2019年5月5日，第六届"奶牛营养与牛奶质量"国际研讨会上，中垦乳业股份有限公司在2017—2018年度优质乳工程系列公益品评活动中荣获"优质乳工程科技创新奖"和"优质乳工程绿色发展奖"。此外，在"千人品鉴优质乳"活动中，华山牧鲜活鲜牛奶产品荣获"男士最喜爱金奖"称号。爱尔兰都柏林大学Wall教授认为华山牧鲜活鲜牛奶产品是一款高质量的牛奶，并表达了对华山牧鲜活鲜牛奶产品的喜爱。

中垦乳业股份有限公司荣获"优质乳工程科技创新奖"

中垦乳业股份有限公司荣获"优质乳工程绿色发展奖"

华山牧鲜活鲜牛奶产品荣获"男士最喜爱金奖"

（二）优质乳工程示范工厂

中垦华山牧被评为优质乳工程示范工厂。

中垦华山牧乳业被授予
"优质乳工程巴氏杀菌乳示范工厂"

中垦华山牧乳业被授予
"优质乳工程巴氏杀菌乳示范牧场"

（三）宣传优质乳活动情况

从2017年起中垦华山牧乳业有限公司针对小朋友及家长开展了"华小牧鲜活营养小课堂"的科普宣传活动，引导消费者正确认识优质乳，树立正确的消费理念。

华小牧鲜活营养小课堂科普宣传活动现场

（四）2023 优质乳工程高峰论坛

2023 年 7 月 20 日，中垦牧新品发布会暨 2023 优质乳工程高峰论坛在重庆国际博览中心举行，农业农村部原常务副部长刘成果致欢迎词，并授予中垦牧乳业旗下企业"国家优质乳工程助力国民营养计划先进企业""国家优质乳工程示范工厂"以及"国家优质乳工程示范牧场"等称号。国家奶业科技创新联盟理事长王加启就优质乳工程新成果进展作报告。

中垦牧乳业党委副书记、副总经理胡刚接受农业农村部原常务副部长刘成果授牌

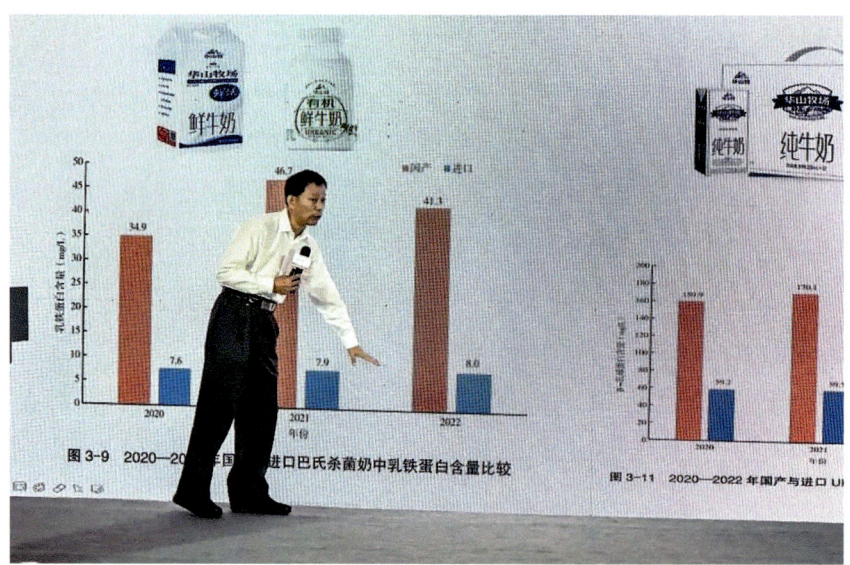

国家奶业科技创新联盟理事长王加启做优质乳工程进展报告

企 业 名 称： 光明乳业股份有限公司

优质乳企业编号： CEMA-N011（上海四厂）

CEMA-N012（华东中心）

CEMA-N018（永安工厂）

CEMA-N019（杭江工厂）

CEMA-N020（南京光明）

CEMA-N021（武汉光明）

CEMA-N023（北京光明）

CEMA-N025（成都光明）

法 定 代 表 人： 黄黎明

企 业 地 址： 上海市吴中路 578 号

光明乳业股份有限公司（以下简称"光明乳业"）业务渊源始于1911年，已有100多年的历史，是中国领先的高端乳品引领者。在公司"让更多人感受美味和健康的快乐"的企业愿景下，创造出众多家喻户晓的知名品牌和优秀产品。

"创新"一直是光明乳业发展前行的"基因"，光明乳业研究院作为公司研发基地，目前拥有4大国家级科研平台。2018年，依托光明乳业研究院建立的国家重点实验室被科技部评估为"优秀类国家重点实验室"，是我国食品行业首家国家重点实验室。

光明乳业现有规模牧场22个，成乳牛年平均单产近11吨，远超行业平均水平。拥有17家乳品加工厂，其中华东中心工厂是世界上最大的液态奶单体乳品加工工厂。管理上，光明乳业是国内首家导入WCM系统并首家获得TPM世界级奖项的企业。光明乳业旗下全资子公司领鲜物流是行业首家五星冷链标准认证企业。旗下特色渠道光明随心订是全国最大的送奶上门平台，也是行业唯一通过"上海品质"认证食品企业。

光明乳业股份有限公司总部

一、优质乳工程启动

2017年4月28日,光明乳业优质乳工程召开预备会成立优质乳工程领导小组及实施小组。经过专家对光明乳业的调研与技术指导,光明乳业于2017年5月19日正式宣布启动优质乳工程,并对各单位下达《优质乳工程任务书》。

光明优质乳工程任务书

光明乳业优质乳工程启动仪式（2017年5月19日）

国家奶业科技创新联盟理事长王加启、
副理事长顾佳升在华东中心工厂指导

国家奶业科技创新联盟副理事长顾佳升
在武汉光明指导

二、光明乳业股份有限公司华东中心工厂

（一）工厂介绍

光明乳业股份有限公司华东中心工厂，于2013年8月正式建成投产，占地232亩，总建筑面积达12.6万平方米。工厂主要生产液体乳产品，是世界上最大的液体乳单体加工工厂之一。工厂日产能达到2 200吨，年产优质乳制品能力超过60万吨，年产值约27亿元。

华东中心工厂

华东中心工厂中控室

华东中心工厂生奶仓

华东中心工厂自动化控制阀阵

（二）优质乳工程产品介绍

光明华东中心工厂共有13款巴氏杀菌产品通过国家优质乳工程验收。华东中心工厂优质乳产品对应18家供应优质奶源的牧场和4条巴氏杀菌生产线，优质乳产品生产线有"PM1巴氏杀菌生产线，加工工艺75℃/15s""PM2巴氏杀菌生产线，加工工艺75℃/15s、（82±1）℃/15~20s""PM3巴氏杀菌生产线，加工工艺75℃/15s"和"PM4巴氏杀菌生产线，加工工艺75℃/15s"。

光明华东中心工厂优质乳生产线名称及编号

序号	企业名称	优质乳生产线名称	加工工艺	生产线编号
1	光明乳业股份有限公司华东中心工厂	PM1 巴氏杀菌生产线	75℃ /15s	CEMA-N012PL01
2		PM2 巴氏杀菌生产线	75℃ /15s；(82±1)℃ /15~20s	CEMA-N012PL02
3		PM3 巴氏杀菌生产线	75℃ /15s	CEMA-N012PL03
4		PM4 巴氏杀菌生产线	75℃ /15s	CEMA-N012PL04

光明华东中心工厂优质乳产品名称及编号

序号	企业名称	产品名称	优质乳产品编号
1	光明乳业股份有限公司华东中心工厂	光明优倍高品质鲜牛奶 200mL 屋顶盒	CEMA-N01201PM
2		光明优倍高品质鲜牛奶 500mL 屋顶盒	CEMA-N01202PM
3		光明优倍高品质鲜牛奶 950mL 屋顶盒	CEMA-N01203PM
4		光明优倍高品质鲜牛奶 1.35L 屋顶盒	CEMA-N01204PM
5		光明优倍高品质鲜牛奶 200mL 纸杯	CEMA-N01205PM
6		光明优倍高品质鲜牛奶 260mL 纸杯	CEMA-N01206PM
7		光明优倍 0 脂肪鲜牛奶 200mL 纸杯	CEMA-N01207PM
8		光明优倍 0 脂肪鲜牛奶 950mL 屋顶盒	CEMA-N01208PM
9		光明乐在新鲜鲜牛奶 200mL 屋顶盒	CEMA-N01210PM
10		光明乐在新鲜鲜牛奶 500mL 屋顶盒	CEMA-N01211PM
11		光明乐在新鲜鲜牛奶 980mL 屋顶盒	CEMA-N01212PM
12		光明乐在新鲜鲜牛奶 1.5L 桶	CEMA-N01213PM
13		光明优倍高品质鲜牛奶 1.4L 利乐峰	CEMA-N01214PM

优 质 乳 产 品 名 称　光明优倍高品质鲜牛奶 200mL 屋顶盒
优 质 乳 产 品 编 号　CEMA-N01201PM
验　收　时　间　2017 年 12 月 16 日
复 评 审 时 间　2020 年 08 月 26 日
第 一 次 抽 检 时 间　2018 年 11 月 14 日
第 二 次 抽 检 时 间　2020 年 08 月 21 日
第 三 次 抽 检 时 间　2021 年 04 月 14 日
第 四 次 抽 检 时 间　2021 年 10 月 12 日
第 五 次 抽 检 时 间　2023 年 06 月 30 日
所有指标均符合《优质巴氏杀菌乳》标准

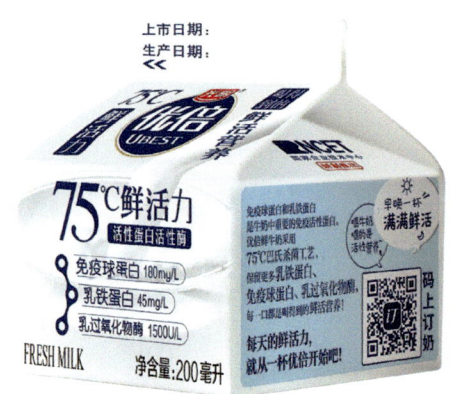

优 质 乳 产 品 名 称	光明优倍高品质鲜牛奶 500mL 屋顶盒
优 质 乳 产 品 编 号	CEMA-N01202PM
验 收 时 间	2017 年 12 月 16 日
复 评 审 时 间	2020 年 08 月 26 日
第 一 次 抽 检 时 间	2018 年 11 月 14 日
第 二 次 抽 检 时 间	2020 年 08 月 21 日
第 三 次 抽 检 时 间	2021 年 04 月 14 日
第 四 次 抽 检 时 间	2021 年 10 月 12 日
第 五 次 抽 检 时 间	2023 年 06 月 30 日

所有指标均符合《优质巴氏杀菌乳》标准

优 质 乳 产 品 名 称	光明优倍高品质鲜牛奶 950mL 屋顶盒
优 质 乳 产 品 编 号	CEMA-N01203PM
验 收 时 间	2017 年 12 月 16 日
复 评 审 时 间	2020 年 08 月 26 日
第 一 次 抽 检 时 间	2018 年 11 月 14 日
第 二 次 抽 检 时 间	2020 年 08 月 21 日
第 三 次 抽 检 时 间	2021 年 04 月 14 日
第 四 次 抽 检 时 间	2021 年 10 月 12 日
第 五 次 抽 检 时 间	2023 年 06 月 30 日

所有指标均符合《优质巴氏杀菌乳》标准

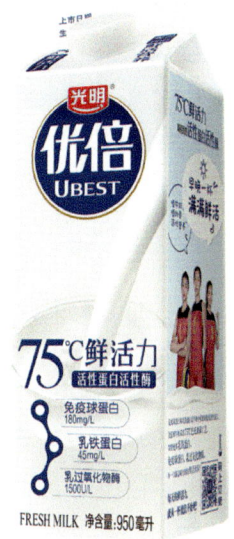

优 质 乳 产 品 名 称	光明优倍高品质鲜牛奶 1.35L 屋顶盒
优 质 乳 产 品 编 号	CEMA-N01204PM
验 收 时 间	2017 年 12 月 16 日
复 评 审 时 间	2020 年 08 月 26 日
第 一 次 抽 检 时 间	2018 年 11 月 14 日
第 二 次 抽 检 时 间	2020 年 08 月 21 日
第 三 次 抽 检 时 间	2021 年 04 月 14 日
第 四 次 抽 检 时 间	2021 年 10 月 12 日
第 五 次 抽 检 时 间	2023 年 06 月 30 日

所有指标均符合《优质巴氏杀菌乳》标准

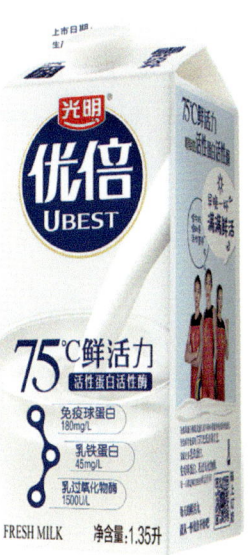

优质乳产品名称	光明优倍高品质鲜牛奶 200mL 纸杯
优质乳产品编号	CEMA-N01205PM
验收时间	2017 年 12 月 16 日
复评审时间	2020 年 08 月 26 日
第一次抽检时间	2019 年 04 月 25 日
第二次抽检时间	2020 年 08 月 21 日
第三次抽检时间	2021 年 04 月 14 日
第四次抽检时间	2021 年 10 月 12 日
第五次抽检时间	2023 年 06 月 30 日

所有指标均符合《优质巴氏杀菌乳》标准

优质乳产品名称	光明优倍高品质鲜牛奶 260mL 纸杯
优质乳产品编号	CEMA-N01206PM
验收时间	2017 年 12 月 16 日
复评审时间	2020 年 08 月 26 日
第一次抽检时间	2019 年 04 月 25 日
第二次抽检时间	2020 年 08 月 21 日
第三次抽检时间	2021 年 04 月 14 日
第四次抽检时间	2021 年 10 月 12 日
第五次抽检时间	2023 年 06 月 30 日

所有指标均符合《优质巴氏杀菌乳》标准

优质乳产品名称	光明优倍 0 脂肪鲜牛奶 200mL 纸杯
优质乳产品编号	CEMA-N01207PM
验收时间	2017 年 12 月 16 日
复评审时间	2020 年 08 月 26 日
第一次抽检时间	2019 年 04 月 25 日
第二次抽检时间	2020 年 08 月 21 日
第三次抽检时间	2021 年 04 月 14 日
第四次抽检时间	2021 年 10 月 12 日
第五次抽检时间	2023 年 06 月 30 日

所有指标均符合《优质巴氏杀菌乳》标准

优质乳产品名称	光明优倍0脂肪鲜牛奶950mL屋顶盒
优质乳产品编号	CEMA-N01208PM
验 收 时 间	2017年12月16日
复 评 审 时 间	2020年08月26日
第 一 次 抽 检 时 间	2018年11月14日
第 二 次 抽 检 时 间	2020年08月21日
第 三 次 抽 检 时 间	2021年04月14日
第 四 次 抽 检 时 间	2021年10月12日
第 五 次 抽 检 时 间	2023年06月30日

所有指标均符合《优质巴氏杀菌乳》标准

优质乳产品名称	光明乐在新鲜鲜牛奶200mL屋顶盒
优质乳产品编号	CEMA-N01210PM
验 收 时 间	2017年12月16日
复 评 审 时 间	2020年08月26日
第 一 次 抽 检 时 间	2018年11月14日
第 二 次 抽 检 时 间	2020年08月21日
第 三 次 抽 检 时 间	2021年04月14日
第 四 次 抽 检 时 间	2021年10月12日
第 五 次 抽 检 时 间	2023年06月30日

所有指标均符合《优质巴氏杀菌乳》标准

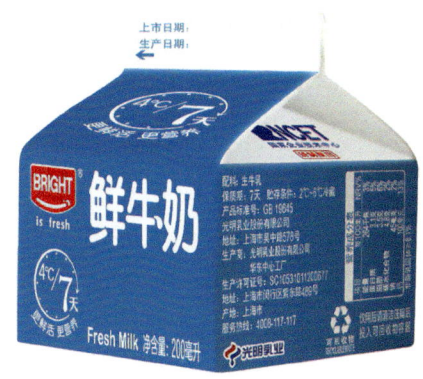

优质乳产品名称	光明乐在新鲜鲜牛奶500mL屋顶盒
优质乳产品编号	CEMA-N01211PM
验 收 时 间	2017年12月16日
复 评 审 时 间	2020年08月26日
第 一 次 抽 检 时 间	2018年11月14日
第 二 次 抽 检 时 间	2020年08月21日
第 三 次 抽 检 时 间	2021年04月14日
第 四 次 抽 检 时 间	2021年10月12日
第 五 次 抽 检 时 间	2023年06月30日

所有指标均符合《优质巴氏杀菌乳》标准

优质乳产品名称 光明乐在新鲜鲜牛奶 980mL 屋顶盒
优质乳产品编号 CEMA-N01212PM
验 收 时 间 2017 年 12 月 16 日
复 评 审 时 间 2020 年 08 月 26 日
第 一 次 抽 检 时 间 2018 年 11 月 14 日
第 二 次 抽 检 时 间 2020 年 08 月 21 日
第 三 次 抽 检 时 间 2021 年 04 月 14 日
第 四 次 抽 检 时 间 2021 年 10 月 12 日
第 五 次 抽 检 时 间 2023 年 06 月 30 日
所有指标均符合《优质巴氏杀菌乳》标准

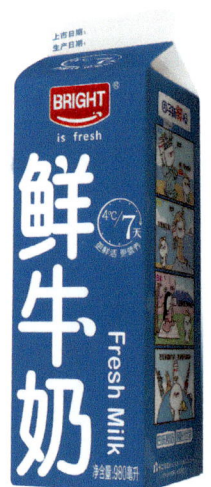

优质乳产品名称 光明乐在新鲜鲜牛奶 1.5L 桶
优质乳产品编号 CEMA-N01213PM
验 收 时 间 2017 年 12 月 16 日
复 评 审 时 间 2020 年 08 月 26 日
第 一 次 抽 检 时 间 2018 年 11 月 14 日
第 二 次 抽 检 时 间 2020 年 08 月 21 日
第 三 次 抽 检 时 间 2021 年 04 月 14 日
第 四 次 抽 检 时 间 2021 年 10 月 12 日
第 五 次 抽 检 时 间 2023 年 06 月 30 日
所有指标均符合《优质巴氏杀菌乳》标准

优质乳产品名称 光明优倍鲜牛奶 1.4L 利乐峰
优质乳产品编号 CEMA-N01214PM
验 收 时 间 2023 年 06 月 30 日
第 一 次 抽 检 时 间 2023 年 06 月 30 日

（三）优质乳工程验收

根据《优质乳工程管理办法》的相关规定，国家奶业科技创新联盟于 2017 年 11 月对光明华东中心工厂及优质乳相关牧场开展了验证和现场验收，包括产品的奶源（牧场）、加工前奶源的投料罐和每种优质乳产品的验证；所有生产优质乳产品生产线的保留时间和保持温度的验证；优质乳产品储藏、运输和销售终端冷链温度的验证；牧场奶源生产管理情况、加工工厂工艺参数控制、产品质量控制情况的现场查看和记录验证等。

2017 年 12 月 16 日，国家奶业科技创新联盟组织专家对光明华东中心工厂进行了会议验收，宣布其奶源、工艺和产品符合《优质生乳》（MRT/B 01—2018）和《优质巴氏杀菌乳》（MRT/B 02—2018），以及《优质乳工程管理办法》的规定，光明华东中心工厂通过优质乳工程的验收。

（四）优质乳工程复评审验收

根据《优质乳工程管理办法》的相关规定，国家奶业科技创新联盟对光明华东中心工厂开展了复评审验收，奶源、生产线、产品及储运环节等与验收要求一致。

2020 年 8 月，国家奶业科技创新联盟组织专家线上听取了企业汇报，查阅复评审检测结果，宣布其奶源符合《生乳用途分级技术规范》（T/DSTIA 001—2019）的规定、工艺符合《优质巴氏杀菌乳加工工艺技术规范》（T/DSTIA 011—2019）的规定、巴氏杀菌乳产品符合《优质巴氏杀菌乳》（T/DSTIA 004—2019）的规定：糠氨酸 ≤ 12mg/100g 蛋白质，乳铁蛋白 ≥ 25mg/L，β-乳球蛋白 ≥ 2 200mg/L，光明华东中心工厂 13 款巴氏杀菌产品通过优质乳工程复评审验收。

（五）优质乳工程抽检

根据《优质乳工程管理办法》规定，国家奶业科技创新联盟于 2018 年 11 月、2020 年 8 月、2021 年 4 月、2021 年 10 月和 2023 年 6 月对光明乳业股份有限公司华东中心工厂开展了抽检工作。

参加抽检的 13 款优质乳工程产品各项指标符合《优质巴氏杀菌乳》（T/DSTIA 004—2019）的规定：糠氨酸 ≤ 12mg/100g 蛋白质，乳铁蛋白 ≥ 25mg/L，β-乳球蛋白 ≥ 2 200mg/L。

三、上海乳品四厂有限公司

（一）工厂介绍

上海乳品四厂有限公司位于上海市奉贤区海湾镇海兴路1750号，成立于1980年，乳品四厂是光明乳业旗下专业生产瓶袋奶的加工工厂，总占地面积46 700平方米，目前拥有14条灌装线，最大生产能力400吨/天，主要生产1.5 L桶装鲜牛奶、优倍鲜奶、瓶装纯鲜牛奶等约70余个品类。每天为上海及周边区域消费者提供80万余份送奶上门乳制品。

上海乳品四厂有限公司

上海乳品四厂有限公司厂区　　　　上海乳品四厂有限公司收奶广场

（二）优质乳工程产品介绍

上海乳品四厂共有 8 款巴氏杀菌产品通过国家优质乳工程验收。上海乳品四厂优质乳产品对应 8 家供应优质奶源牧场和 5 条巴氏杀菌生产线，优质乳产品生产线有"1# 巴氏杀菌生产线，加工工艺 80℃/15s、83℃/15s""2# 巴氏杀菌生产线，加工工艺 75℃/15s、80℃/15s""3# 巴氏杀菌生产线，加工工艺 75℃/15s""4# 巴氏杀菌生产线，加工工艺 75℃/15s、80℃/15s"和"5# 巴氏杀菌生产线，加工工艺 80℃/15s"。

上海乳品四厂优质乳生产线名称及编号

序号	企业名称	优质乳生产线名称	加工工艺	生产线编号
1	上海乳品四厂有限公司	1# 巴氏杀菌生产线	80℃/15s；83℃/15s	CEMA-N011PL01
2		2# 巴氏杀菌生产线	75℃/15s；80℃/15s	CEMA-N011PL02
3		3# 巴氏杀菌生产线	75℃/15s	CEMA-N011PL03
4		4# 巴氏杀菌生产线	75℃/15s；80℃/15s	CEMA-N011PL04
5		5# 巴氏杀菌生产线	80℃/15s	CEMA-N011PL05

上海乳品四厂优质乳产品名称及编号

序号	企业名称	产品名称	优质乳产品编号
1	上海乳品四厂有限公司	光明乐在新鲜鲜牛奶 200mL 纸杯	CEMA-N01101PM
2		光明乐在新鲜鲜牛奶 1.5L 桶	CEMA-N01102PM
3		光明鲜牛奶 220mL 玻璃瓶	CEMA-N01103PM
4		光明紫光鲜牛奶 195mL 玻璃瓶	CEMA-N01104PM
5		光明紫光鲜牛奶 220mL 玻璃瓶	CEMA-N01105PM
6		光明 1 号香浓鲜牛奶 220mL 玻璃瓶	CEMA-N01106PM
7		光明 0 脂肪鲜牛奶 200mL 纸杯	CEMA-N01107PM
8		光明优倍高品质鲜牛奶 200mL 纸杯	CEMA-N01108PM

优 质 乳 产 品 名 称	光明乐在新鲜鲜牛奶 200mL 纸杯
优 质 乳 产 品 编 号	CEMA-N01101PM
验 收 时 间	2017 年 12 月 16 日
复 评 审 时 间	2020 年 08 月 26 日
第 一 次 抽 检 时 间	2019 年 04 月 25 日
第 二 次 抽 检 时 间	2020 年 08 月 21 日
第 三 次 抽 检 时 间	2021 年 04 月 13 日
第 四 次 抽 检 时 间	2021 年 10 月 12 日
第 五 次 抽 检 时 间	2023 年 06 月 21 日

所有指标均符合《优质巴氏杀菌乳》标准

优 质 乳 产 品 名 称	光明乐在新鲜鲜牛奶 1.5L 桶
优 质 乳 产 品 编 号	CEMA-N01102PM
验 收 时 间	2017 年 12 月 16 日
复 评 审 时 间	2020 年 08 月 26 日
第 一 次 抽 检 时 间	2019 年 04 月 25 日
第 二 次 抽 检 时 间	2020 年 08 月 21 日
第 三 次 抽 检 时 间	2021 年 04 月 13 日
第 四 次 抽 检 时 间	2021 年 10 月 12 日
第 五 次 抽 检 时 间	2023 年 06 月 21 日

所有指标均符合《优质巴氏杀菌乳》标准

优 质 乳 产 品 名 称	光明鲜牛奶 220mL 玻璃瓶
优 质 乳 产 品 编 号	CEMA-N01103PM
验 收 时 间	2017 年 12 月 16 日
复 评 审 时 间	2020 年 08 月 26 日
第 一 次 抽 检 时 间	2019 年 04 月 25 日
第 二 次 抽 检 时 间	2020 年 08 月 21 日
第 三 次 抽 检 时 间	2021 年 04 月 13 日
第 四 次 抽 检 时 间	2021 年 10 月 12 日
第 五 次 抽 检 时 间	2023 年 06 月 21 日

所有指标均符合《优质巴氏杀菌乳》标准

优质乳产品名称	光明紫光鲜牛奶 195mL 玻璃瓶
优质乳产品编号	CEMA-N01104PM
验 收 时 间	2017 年 12 月 16 日
复 评 审 时 间	2020 年 08 月 26 日
第 一 次 抽 检 时 间	2019 年 04 月 25 日
第 二 次 抽 检 时 间	2020 年 08 月 21 日
第 三 次 抽 检 时 间	2021 年 04 月 13 日
第 四 次 抽 检 时 间	2021 年 10 月 12 日
第 五 次 抽 检 时 间	2023 年 06 月 21 日

所有指标均符合《优质巴氏杀菌乳》标准

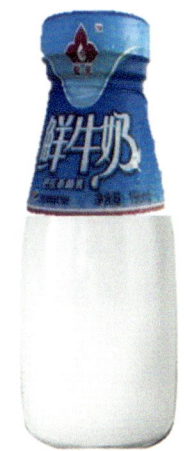

优质乳产品名称	光明紫光鲜牛奶 220mL 玻璃瓶
优质乳产品编号	CEMA-N01105PM
验 收 时 间	2017 年 12 月 16 日
复 评 审 时 间	2020 年 08 月 26 日
第 一 次 抽 检 时 间	2019 年 04 月 25 日
第 二 次 抽 检 时 间	2020 年 08 月 21 日
第 三 次 抽 检 时 间	2021 年 04 月 13 日
第 四 次 抽 检 时 间	2021 年 10 月 12 日
第 五 次 抽 检 时 间	2023 年 06 月 21 日

所有指标均符合《优质巴氏杀菌乳》标准

优质乳产品名称	光明 1 号香浓鲜牛奶 220mL 玻璃瓶
优质乳产品编号	CEMA-N01106PM
验 收 时 间	2017 年 12 月 16 日
复 评 审 时 间	2020 年 08 月 26 日
第 一 次 抽 检 时 间	2019 年 04 月 25 日
第 二 次 抽 检 时 间	2020 年 08 月 21 日
第 三 次 抽 检 时 间	2021 年 04 月 13 日
第 四 次 抽 检 时 间	2021 年 10 月 12 日
第 五 次 抽 检 时 间	2023 年 06 月 21 日

所有指标均符合《优质巴氏杀菌乳》标准

优质乳产品名称	光明0脂肪鲜牛奶200mL纸杯
优质乳产品编号	CEMA-N01107PM
验 收 时 间	2017年12月16日
复 评 审 时 间	2020年08月26日
第一次抽检时间	2019年04月25日
第二次抽检时间	2020年08月21日
第三次抽检时间	2021年04月13日
第四次抽检时间	2021年10月12日
第五次抽检时间	2023年06月21日

所有指标均符合《优质巴氏杀菌乳》标准

优质乳产品名称	光明优倍高品质鲜牛奶200mL纸杯
优质乳产品编号	CEMA-N01108PM
验 收 时 间	2017年12月16日
复 评 审 时 间	2020年08月26日
第一次抽检时间	2019年04月25日
第二次抽检时间	2020年08月21日
第三次抽检时间	2021年04月13日
第四次抽检时间	2021年10月12日
第五次抽检时间	2023年06月21日

所有指标均符合《优质巴氏杀菌乳》标准

（三）优质乳工程验收

根据《优质乳工程管理办法》的相关规定，国家奶业科技创新联盟2017年11月开始对光明上海乳品四厂及优质乳相关牧场开展了验证和现场验收，包括产品的奶源（牧场）、加工前奶源的投料罐和每种优质乳产品的验证；所有生产优质乳产品生产线的保留时间和保持温度的验证；优质乳产品储藏、运输和销售终端冷链温度的验证；牧场奶源生产管理情况、加工工厂工艺参数控制、产品质量控制情况的现场查看和记录验证等。

2017年12月16日，国家奶业科技创新联盟组织专家对光明上海乳品四厂进行了会议验收，宣布其奶源、工艺和产品符合《优质乳工程管理办法》的规定，光明上海乳品四厂通过优质乳工程的验收。

（四）优质乳工程复评审验收

2020年8月26日，上海乳品四厂顺利通过优质乳工程复评审。此次复评审的顺利通过，代表着专家组对上海乳品四厂坚定不移实施优质乳工程并取得优异成果的一致认可。上海乳品四厂也积极参与了《巴氏杀菌乳—鲜牛奶》（T/CSCA 110059—2020）团体标准的修订，力争用更高标准、更严要求守护光明"鲜活时代"。

（五）优质乳工程抽检

根据《优质乳工程管理办法》规定，国家奶业科技创新联盟于2019年4月、2020年8月、2021年4月、2021年10月和2023年6月对光明上海乳品四厂开展了抽检工作。

参加抽检的8款优质乳工程产品各项指标符合《优质巴氏杀菌乳》（T/TDSTIA 004—2019）的规定：糠氨酸≤12mg/100g蛋白质，乳铁蛋白≥25mg/L，β-乳球蛋白≥2 200mg/L。

四、上海永安乳品有限公司

（一）工厂介绍

上海永安乳品有限公司是光明乳业股份有限公司旗下的乳品加工企业，地处上海市奉贤区，靠近东海杭州湾，占地面积42.5亩；拥有世界一流的乳品加工设备以及先进的乳品加工工艺。工厂规模为日产200吨乳制品和饮料及奶酪制品。

上海永安乳品有限公司

上海永安乳品有限公司厂区

（二）优质乳工程产品介绍

光明永安工厂有 2 款巴氏杀菌产品通过国家优质乳工程验收，永安工厂优质乳产品对应 2 家供应优质奶源牧场和 1 条巴氏杀菌生产线，优质乳产品生产线有"5 吨 /h 巴氏杀菌 301-3 生产线，加工工艺（80±1）℃/15s"，对杀菌工艺精度的控制进行了大幅强化，最大程度保留牛奶中的活性营养物质。

光明永安工厂优质乳生产线名称及编号

序号	企业名称	优质乳生产线名称	加工工艺	生产线编号
1	上海永安乳品有限公司	5 吨 /h 巴氏杀菌 301-3 生产线	（80±1）℃/15s	CEMA-N018PL01

光明永安工厂优质乳产品名称及编号

序号	企业名称	产品名称	优质乳产品编号
1	上海永安乳品有限公司	光明鲜牛奶 200mL 袋	CEMA-N01801PM
2		光明新鲜包高品鲜牛奶 200mL 袋	CEMA-N01802PM

优质乳产品名称 光明鲜牛奶 200mL 袋
优质乳产品编号 CEMA-N01801PM
验 收 时 间 2018 年 06 月 20 日
复 评 审 时 间 2020 年 08 月 26 日
第 一 次 抽 检 时 间 2019 年 11 月 04 日
第 二 次 抽 检 时 间 2020 年 04 月 05 日
第 三 次 抽 检 时 间 2020 年 08 月 21 日
第 四 次 抽 检 时 间 2021 年 04 月 13 日
第 五 次 抽 检 时 间 2021 年 10 月 11 日
第 六 次 抽 检 时 间 2023 年 06 月 21 日
所有指标均符合《优质巴氏杀菌乳》标准

优质乳产品名称 光明新鲜包高品鲜牛奶 200mL 袋
优质乳产品编号 CEMA-N01802PM
验 收 时 间 2018 年 06 月 20 日
复 评 审 时 间 2020 年 08 月 26 日
第 一 次 抽 检 时 间 2019 年 11 月 04 日
第 二 次 抽 检 时 间 2020 年 04 月 05 日
第 三 次 抽 检 时 间 2020 年 08 月 21 日
第 四 次 抽 检 时 间 2021 年 04 月 13 日
第 五 次 抽 检 时 间 2021 年 10 月 11 日
第 六 次 抽 检 时 间 2023 年 06 月 21 日
所有指标均符合《优质巴氏杀菌乳》标准

（三）优质乳工程验收

根据《优质乳工程管理办法》的相关规定，国家奶业科技创新联盟于 2018 年 6 月对光明永安工厂及优质乳相关牧场开展了验证和现场验收，包括产品的奶源（牧场）、加工前奶源的投料罐和每种优质乳产品的验证；所有生产优质乳产品生产线的保留时间和保持温度的验证；优质乳产品储藏、运输和销售终端冷链温度的验证；牧场奶源生产管理情况、加工工厂工艺参数控制、产品质量控制情况的现场查看和记录验证等。

2018 年 6 月 20 日，国家奶业科技创新联盟组织专家对光明永安工厂进行了会议验收，宣布其奶源、工艺和产品符合《优质生乳》（MRT/ B 01—2018）和《优质巴氏杀菌乳》（MRT/B 02—2018）的规定，形成光明永安工厂通过优质乳工程的验收决议。

（四）优质乳工程复评审验收

根据《优质乳工程管理办法》的相关规定，国家奶业科技创新联盟对光明乳业中心工厂开展了复评审验收，奶源、生产线、产品及储运环节等与验收要求一致。

2020年8月，国家奶业科技创新联盟组织专家线上听取了企业汇报，查阅复评审检测结果，宣布其奶源符合《生乳用途分级技术规范》（T/TDSTIA 001—2019）的规定、工艺符合《优质巴氏杀菌乳加工工艺技术规范》（T/TDSTIA 011—2019）的规定、巴氏杀菌乳产品符合《优质巴氏杀菌乳》（T/TDSTIA 004—2019）的规定：糠氨酸≤12mg/100g蛋白质，乳铁蛋白≥25mg/L，β-乳球蛋白≥2 200mg/L，光明永安工厂2款巴氏杀菌产品通过优质乳工程复评审验收。

（五）优质乳工程抽检

根据《优质乳工程管理办法》规定，国家奶业科技创新联盟于2019年11月、2020年4月、2020年8月、2021年4月、2021年10月和2023年6月对光明上海永安工厂开展了抽检工作。

参加抽检的两款优质乳工程产品各项指标符合《优质巴氏杀菌乳》（T/TDSTIA 004—2019）的规定：糠氨酸≤12mg/100g蛋白质，乳铁蛋白≥25mg/L，β-乳球蛋白≥2 200mg/L。

五、浙江省杭江牛奶公司乳品厂

（一）工厂介绍

浙江省杭江牛奶公司乳品厂（以下简称"杭江工厂"）隶属于浙江星野集团有限责任公司，是一家专业从事乳制品生产与加工的国有企业，地处钱塘江北岸的杭州经济技术开发区，占地面积约87.77亩。从1981年创立至今，杭江工厂一直从事乳制品的专业生产，拥有杭州市优质奶源基地，奶牛存栏数8 000余头，日最大供奶量在100吨以上，拥有12条液态奶生产线，生产巴氏杀菌乳、高温杀菌乳、发酵乳、含乳饮料四大系列产品，年生产能力达4万吨。

（二）优质乳工程产品介绍

杭江工厂共有 9 款巴氏杀菌产品通过国家优质乳工程验收。杭江工厂优质乳产品对应 6 家供应优质奶源牧场和 2 条巴氏杀菌生产线，优质乳产品生产线有"4t/h 巴氏杀菌 1# 生产线，加工工艺（80±1）℃/（75±0.25）℃，15~20s""10t/h 巴氏杀菌 4# 生产线，加工工艺（80±1）℃/（75±0.25）℃，15~20s"。

杭江工厂优质乳生产线名称及编号

序号	企业名称	优质乳生产线名称	加工工艺	生产线编号
1	浙江省杭江牛奶公司乳品厂	4t/h 巴氏杀菌 1# 生产线	（80±1）℃/（75±0.25）℃，15~20s	CEMA-N019PL01
2		10t/h 巴氏杀菌 4# 生产线	（80±1）℃/（75±0.25）℃，15~20s	CEMA-N019PL02

杭江工厂优质乳产品名称及编号

序号	企业名称	产品名称	优质乳产品编号
1	浙江省杭江牛奶公司乳品厂	光明乐在新鲜鲜牛奶 980mL 屋顶盒	CEMA-N01901PM
2		光明乐在新鲜鲜牛奶 500mL 屋顶盒	CEMA-N01902PM
3		光明乐在新鲜鲜牛奶 200mL 屋顶盒	CEMA-N01903PM
4		光明乐在新鲜鲜牛奶 200mL 纸杯	CEMA-N01904PM
5		光明轻巧包鲜牛奶 180mL 爱克林袋	CEMA-N01905PM
6		光明优倍高品质鲜牛奶 950mL 屋顶盒	CEMA-N01906PM
7		光明优倍高品质鲜牛奶 500mL 屋顶盒	CEMA-N01907PM
8		光明优倍高品质鲜牛奶 200mL 屋顶盒	CEMA-N01908PM
9		光明优倍高品质鲜牛奶 200mL 纸杯	CEMA-N01909PM

优质乳产品名称	光明乐在新鲜鲜牛奶 980mL 屋顶盒
优质乳产品编号	CEMA-N01901PM
验 收 时 间	2018 年 06 月 21 日
复 评 审 时 间	2020 年 08 月 26 日
第 一 次 抽 检 时 间	2019 年 11 月 04 日
第 二 次 抽 检 时 间	2020 年 07 月 02 日
第 三 次 抽 检 时 间	2020 年 08 月 26 日
第 四 次 抽 检 时 间	2021 年 08 月 31 日
第 五 次 抽 检 时 间	2021 年 11 月 29 日
第 六 次 抽 检 时 间	2023 年 07 月 13 日

所有指标均符合《优质巴氏杀菌乳》标准

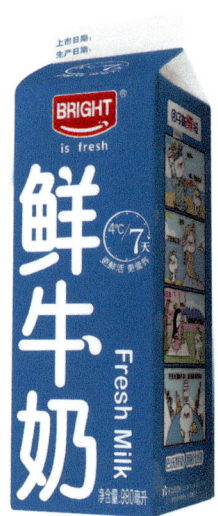

优质乳产品名称	光明乐在新鲜鲜牛奶 500mL 屋顶盒
优质乳产品编号	CEMA-N01902PM
验 收 时 间	2018 年 06 月 21 日
复 评 审 时 间	2020 年 08 月 26 日
第 一 次 抽 检 时 间	2019 年 11 月 04 日
第 二 次 抽 检 时 间	2020 年 07 月 02 日
第 三 次 抽 检 时 间	2020 年 08 月 26 日
第 四 次 抽 检 时 间	2021 年 08 月 31 日
第 五 次 抽 检 时 间	2021 年 11 月 29 日
第 六 次 抽 检 时 间	2023 年 07 月 13 日

所有指标均符合《优质巴氏杀菌乳》标准

优质乳产品名称	光明乐在新鲜鲜牛奶 200mL 屋顶盒
优质乳产品编号	CEMA-N01903PM
验 收 时 间	2018 年 06 月 21 日
复 评 审 时 间	2020 年 08 月 26 日
第 一 次 抽 检 时 间	2019 年 11 月 04 日
第 二 次 抽 检 时 间	2020 年 07 月 02 日
第 三 次 抽 检 时 间	2020 年 08 月 26 日
第 四 次 抽 检 时 间	2021 年 08 月 31 日
第 五 次 抽 检 时 间	2021 年 11 月 29 日
第 六 次 抽 检 时 间	2023 年 07 月 13 日

所有指标均符合《优质巴氏杀菌乳》标准

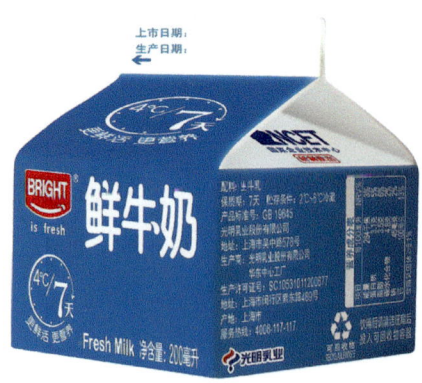

优质乳产品名称	光明乐在新鲜鲜牛奶 200mL 纸杯
优质乳产品编号	CEMA-N01904PM
验收时间	2018 年 06 月 21 日
复评审时间	2020 年 08 月 26 日
第一次抽检时间	2019 年 11 月 04 日
第二次抽检时间	2020 年 08 月 26 日
第三次抽检时间	2021 年 04 月 13 日
第四次抽检时间	2021 年 11 月 29 日
第五次抽检时间	2023 年 07 月 13 日

所有指标均符合《优质巴氏杀菌乳》标准

优质乳产品名称	光明轻巧包鲜牛奶 180mL 爱克林袋
优质乳产品编号	CEMA-N01905PM
验收时间	2018 年 06 月 21 日
复评审时间	2020 年 08 月 26 日
第一次抽检时间	2019 年 11 月 04 日
第二次抽检时间	2020 年 06 月 15 日
第三次抽检时间	2020 年 08 月 26 日
第四次抽检时间	2021 年 04 月 13 日
第五次抽检时间	2021 年 11 月 29 日
第六次抽检时间	2023 年 07 月 13 日

所有指标均符合《优质巴氏杀菌乳》标准

优质乳产品名称	光明优倍高品质鲜牛奶 950mL 屋顶盒
优质乳产品编号	CEMA-N01906PM
验收时间	2018 年 06 月 21 日
复评审时间	2020 年 08 月 26 日
第一次抽检时间	2019 年 11 月 04 日
第二次抽检时间	2020 年 06 月 15 日
第三次抽检时间	2020 年 08 月 26 日
第四次抽检时间	2021 年 04 月 13 日
第五次抽检时间	2021 年 11 月 29 日
第六次抽检时间	2023 年 07 月 13 日

所有指标均符合《优质巴氏杀菌乳》标准

优质乳工程企业名录（2023年）

优质乳产品名称	光明优倍高品质鲜牛奶 500mL 屋顶盒
优质乳产品编号	CEMA-N01907PM
验 收 时 间	2018 年 06 月 21 日
复 评 审 时 间	2020 年 08 月 26 日
第 一 次 抽 检 时 间	2019 年 11 月 04 日
第 二 次 抽 检 时 间	2020 年 06 月 15 日
第 三 次 抽 检 时 间	2020 年 08 月 26 日
第 四 次 抽 检 时 间	2021 年 04 月 13 日
第 五 次 抽 检 时 间	2021 年 11 月 29 日
第 六 次 抽 检 时 间	2023 年 07 月 13 日

所有指标均符合《优质巴氏杀菌乳》标准

优质乳产品名称	光明优倍高品质鲜牛奶 200mL 屋顶盒
优质乳产品编号	CEMA-N01908PM
验 收 时 间	2018 年 06 月 21 日
复 评 审 时 间	2020 年 08 月 26 日
第 一 次 抽 检 时 间	2019 年 11 月 04 日
第 二 次 抽 检 时 间	2020 年 06 月 15 日
第 三 次 抽 检 时 间	2020 年 08 月 26 日
第 四 次 抽 检 时 间	2021 年 04 月 13 日
第 五 次 抽 检 时 间	2021 年 11 月 29 日
第 六 次 抽 检 时 间	2023 年 07 月 13 日

所有指标均符合《优质巴氏杀菌乳》标准

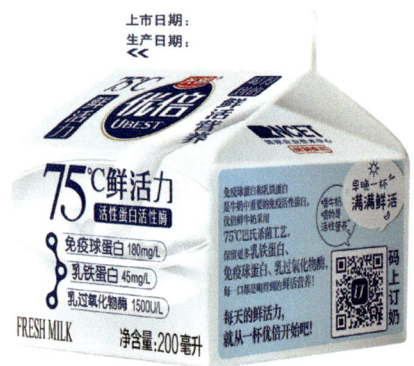

优质乳产品名称	光明优倍高品质鲜牛奶 200mL 纸杯
优质乳产品编号	CEMA-N01909PM
验 收 时 间	2018 年 06 月 21 日
复 评 审 时 间	2020 年 08 月 26 日
第 一 次 抽 检 时 间	2019 年 11 月 04 日
第 二 次 抽 检 时 间	2020 年 06 月 15 日
第 三 次 抽 检 时 间	2020 年 08 月 26 日
第 四 次 抽 检 时 间	2021 年 04 月 13 日
第 五 次 抽 检 时 间	2021 年 11 月 29 日
第 六 次 抽 检 时 间	2023 年 07 月 13 日

所有指标均符合《优质巴氏杀菌乳》标准

（三）优质乳工程验收

根据《优质乳工程管理办法》的相关规定，国家奶业科技创新联盟于2018年6月对光明杭江工厂及优质乳相关牧场开展了验证和现场验收，包括产品的奶源（牧场）、加工前奶源的投料罐和每种优质乳产品的验证；所有生产优质乳产品生产线的保留时间和保持温度的验证；优质乳产品储藏、运输和销售终端冷链温度的验证；牧场奶源生产管理情况、加工工厂工艺参数控制、产品质量控制情况的现场查看和记录验证等。

2018年6月21日，国家奶业科技创新联盟组织专家对光明杭江工厂进行了会议验收，宣布其奶源、工艺和产品符合《优质生乳》（MRT/B 01—2018）和《优质巴氏杀菌乳》（MRT/B 02—2018）的规定，光明杭江工厂通过优质乳工程的验收。

（四）优质乳工程复评审验收

根据《优质乳工程管理办法》的相关规定，国家奶业科技创新联盟对光明杭江工厂开展了复评审验收，奶源、生产线、产品及储运环节等与验收要求一致。

2020年8月，国家奶业科技创新联盟组织专家线上听取了企业汇报，查阅复评审检测结果，宣布其奶源符合《生乳用途分级技术规范》（T/TDSTIA 001—2019）的规定、工艺符合《优质巴氏杀菌乳加工工艺技术规范》（T/TDSTIA 011—2019）的规定、巴氏杀菌乳产品符合《优质巴氏杀菌乳》（T/TDSTIA004—2019）的规定：糠氨酸≤12mg/100g蛋白质，乳铁蛋白≥25mg/L，β-乳球蛋白≥2 200mg/L，光明杭江工厂9款巴氏杀菌产品通过优质乳工程复评审验收。

（五）优质乳工程抽检

根据《优质乳工程管理办法》规定，国家奶业科技创新联盟于2019年11月、2020年6月、8月和2021年4月、8月和2023年7月对杭江工厂开展了抽检工作。参加抽检的9款优质乳工程产品各项指标符合《优质巴氏杀菌乳》（T/TDSTIA 004—2019）的规定：糠氨酸≤12mg/100g蛋白质，乳铁蛋白≥25mg/L，β-乳球蛋白≥2 200mg/L。

六、南京光明乳品有限公司

（一）工厂介绍

南京光明乳品有限公司（以下简称"南京光明"）是由光明乳业股份有限公司与南京禄口机场经济圈发展有限公司共同斥资 1 500 万元组建的有限责任公司，由光明乳业控股经营。南京光明拥有国内先进的生产设备、工艺技术和管理水平，截至 2023 年 8 月，共开设 10 条生产线，主要生产巴氏杀菌乳、调制乳、发酵乳、高温灭菌乳、含乳饮料，日生产能力可达 250 吨。

南京光明乳品有限公司

南京光明乳品有限公司生产车间

（二）优质乳工程产品介绍

南京光明共有 3 款巴氏杀菌产品通过国家优质乳工程验收。南京光明优质乳产品对应 2 家供应优质奶源牧场和 2 条巴氏杀菌乳生产线，优质乳产品生产线有"低温瓶装线，加工工艺（80±1）℃/15~25s""低温纸杯 1 号线，加工工艺（80±1）℃/15~25s、（75±0.2）℃/15~25s"。

南京光明优质乳生产线名称

序号	企业名称	优质乳生产线名称	加工工艺	生产线编号
1	南京光明乳品有限公司	低温瓶装线	（80±1）℃/15~25s	CEMA-N020PL01
2		低温纸杯 1 号线	（80±1）℃/15~25s；（75±0.2）℃/15~25s	CEMA-N020PL02

南京光明优质乳产品名称及编号

序号	企业名称	产品名称	优质乳产品编号
1	南京光明乳品有限公司	光明鲜牛奶 195mL 玻璃瓶	CEMA-N02002PM
2		光明乐在新鲜鲜牛奶 200mL 纸杯	CEMA-N02003PM
3		光明新鲜杯优倍鲜牛奶 200mL 纸杯	CEMA-N02004PM

优质乳产品名称 光明鲜牛奶 195mL 玻璃瓶
优质乳产品编号 CEMA-N02002PM
验 收 时 间 2018 年 06 月 22 日
复 评 审 时 间 2020 年 08 月 26 日
第 一 次 抽 检 时 间 2019 年 10 月 24 日
第 二 次 抽 检 时 间 2020 年 03 月 25 日
第 三 次 抽 检 时 间 2020 年 08 月 23 日
第 四 次 抽 检 时 间 2021 年 05 月 07 日
第 五 次 抽 检 时 间 2021 年 10 月 06 日
第 六 次 抽 检 时 间 2023 年 06 月 08 日
所有指标均符合《优质巴氏杀菌乳》标准

优质乳产品名称	光明乐在新鲜鲜牛奶 200mL 纸杯
优质乳产品编号	CEMA-N02003PM
验 收 时 间	2018 年 06 月 22 日
复 评 审 时 间	2020 年 08 月 26 日
第一次抽检时间	2019 年 10 月 24 日
第二次抽检时间	2020 年 03 月 25 日
第三次抽检时间	2020 年 08 月 23 日
第四次抽检时间	2021 年 05 月 07 日
第五次抽检时间	2021 年 10 月 06 日
第六次抽检时间	2023 年 06 月 08 日

所有指标均符合《优质巴氏杀菌乳》标准

优质乳产品名称	光明新鲜杯优倍鲜牛奶 200mL 纸杯
优质乳产品编号	CEMA-N02004PM
验 收 时 间	2023 年 06 月 08 日
第一次抽检时间	2023 年 06 月 08 日

所有指标均符合《优质巴氏杀菌乳》标准

（三）优质乳工程验收

根据《优质乳工程管理办法》的相关规定，国家奶业科技创新联盟于 2018 年 6 月对南京光明乳品有限公司及优质乳相关牧场开展了验证和现场验收，包括产品的奶源（牧场）、加工前奶源的投料罐和每种优质乳产品的验证；所有生产优质乳产品生产线的保留时间和保持温度的验证；优质乳产品储藏、运输和销售终端冷链温度的验证；定点牧场奶源生产管理情况、加工工厂工艺参数控制、产品质量控制情况的现场查看和记录验证等。

2018 年 6 月 22 日，国家奶业科技创新联盟组织专家对南京光明乳品有限公司进行了会议验收，宣布其奶源、工艺和产品符合《优质生乳》（MRT/B 01—2018）和《优质巴氏杀菌乳》（MRT/B 02—2018）的规定，南京光明通过优质乳工程的验收。

（四）优质乳工程复评审验收

根据《优质乳工程管理办法》的相关规定，国家奶业科技创新联盟对南京光明乳品有限公司开展了复评审验收，奶源、生产线、产品及储运环节等与验收要求一致。

2020年8月26日，国家奶业科技创新联盟组织专家线上听取了企业汇报，查阅复评审检测结果，宣布其奶源符合《生乳用途分级技术规范》（T/TDSTIA 001—2019）的规定、工艺符合《优质巴氏杀菌乳加工工艺技术规范》（T/TDSTIA 011—2019）的规定、巴氏杀菌乳产品符合《优质巴氏杀菌乳》（T/TDSTIA 004—2019）的规定：糠氨酸≤12mg/100g蛋白质，乳铁蛋白≥25mg/L，β-乳球蛋白≥2 200mg/L，南京光明乳品有限公司2款巴氏杀菌产品通过优质乳工程复评审验收。

（五）优质乳工程抽检

根据《优质乳工程管理办法》规定，国家奶业科技创新联盟于2019年10月、2020年3月、2020年8月、2021年5月、2021年10月和2023年6月对南京光明乳品有限公司开展了抽检工作。

参加抽检的3款优质乳工程产品各项指标符合《优质巴氏杀菌乳》（T/TDSTIA004—2019）的规定：糠氨酸≤12mg/100g蛋白质，乳铁蛋白≥25mg/L，β-乳球蛋白≥2 200mg/L。

七、武汉光明乳品有限公司

（一）工厂介绍

武汉光明乳品有限公司成立于1999年3月，秉承"好牛好奶滴滴精彩、天天新鲜、人人信赖"的质量方针，通过ISO 9001、HACCP、GMP、诚信管理体系、FSSC 22000等体系认证。2017年武汉光明通过了TPM优秀奖的审核。同时也是湖北省及武汉市农业产业化重点龙头企业、模范和谐企业。工厂产品质量稳定、营养健康，销售辐射湖北、湖南、河南、江西等多个省市。

武汉光明乳品有限公司

武汉光明乳品有限公司厂区

（二）优质乳工程产品介绍

武汉光明通过实施优质乳工程，对杀菌工艺精度的控制进行了大幅强化，最大程度保留牛奶中的活性营养物质。目前有 9 款巴氏杀菌产品通过国家优质乳工程验收。对应 1 家供应优质奶源牧场和 2 条巴氏杀菌生产线，加工工艺 75℃/15s"。

武汉光明优质乳生产线名称及编号

序号	企业名称	优质乳生产线名称	加工工艺	生产线编号
1	武汉光明乳品有限公司	K12 巴氏杀菌生产线	75℃/15s	CEMA-N021PL01
2		K29 号巴氏杀菌生产线	75℃/15s	CEMA-N021PL02

武汉光明优质乳产品名称及编号

序号	企业名称	产品名称	优质乳产品编号
1	武汉光明乳品有限公司	光明优倍高品质鲜牛奶 1.2L 桶	CEMA-N02105PM
2		光明优倍高品质鲜牛奶 180mL 纸杯	CEMA-N02106PM
3		光明优倍高品质鲜牛奶 950mL 屋顶盒	CEMA-N02107PM
4		光明优倍高品质鲜牛奶 460mL 屋顶盒	CEMA-N02108PM
5		光明优倍高品质鲜牛奶 180mL 屋顶盒	CEMA-N02109PM
6		光明优倍高品质鲜牛奶 280mL PET 瓶	CEMA-N02110PM
7		光明优倍浓醇高品质鲜牛奶 435mL PET 瓶	CEMA-N02111PM
8		光明优倍高品质鲜牛奶 780mL PET 瓶	CEMA-N02112PM
9		光明优倍高品质鲜牛奶 900mL 利乐峰	CEMA-N02113PM

优质乳产品名称	光明优倍高品质鲜牛奶 1.2L 桶
优质乳产品编号	CEMA-N02105PM
验 收 时 间	2018 年 06 月 23 日
复 评 审 时 间	2020 年 08 月 26 日
第 一 次 抽 检 时 间	2019 年 10 月 24 日
第 二 次 抽 检 时 间	2020 年 08 月 23 日
第 三 次 抽 检 时 间	2021 年 04 月 24 日
第 四 次 抽 检 时 间	2021 年 10 月 13 日
第 五 次 抽 检 时 间	2023 年 06 月 01 日

所有指标均符合《优质巴氏杀菌乳》标准

优质乳产品名称	光明优倍高品质鲜牛奶 180mL 纸杯
优质乳产品编号	CEMA-N02106PM
验 收 时 间	2018 年 06 月 23 日
复 评 审 时 间	2020 年 08 月 26 日
第 一 次 抽 检 时 间	2019 年 10 月 24 日
第 二 次 抽 检 时 间	2020 年 08 月 23 日
第 三 次 抽 检 时 间	2021 年 04 月 24 日
第 四 次 抽 检 时 间	2021 年 10 月 13 日
第 五 次 抽 检 时 间	2023 年 06 月 01 日

所有指标均符合《优质巴氏杀菌乳》标准

优质乳产品名称	光明优倍高品质鲜牛奶 950mL 屋顶盒
优质乳产品编号	CEMA-N02107PM
验 收 时 间	2018 年 06 月 23 日
复 评 审 时 间	2020 年 08 月 26 日
第 一 次 抽 检 时 间	2019 年 10 月 24 日
第 二 次 抽 检 时 间	2020 年 08 月 23 日
第 三 次 抽 检 时 间	2021 年 04 月 24 日
第 四 次 抽 检 时 间	2021 年 10 月 13 日
第 五 次 抽 检 时 间	2023 年 06 月 01 日

所有指标均符合《优质巴氏杀菌乳》标准

优质乳产品名称	光明优倍高品质鲜牛奶 460mL 屋顶盒
优质乳产品编号	CEMA-N02108PM
验收时间	2018 年 06 月 23 日
复评审时间	2020 年 08 月 26 日
第一次抽检时间	2019 年 10 月 24 日
第二次抽检时间	2020 年 08 月 23 日
第三次抽检时间	2021 年 04 月 24 日
第四次抽检时间	2021 年 10 月 13 日
第五次抽检时间	2023 年 06 月 01 日

所有指标均符合《优质巴氏杀菌乳》标准

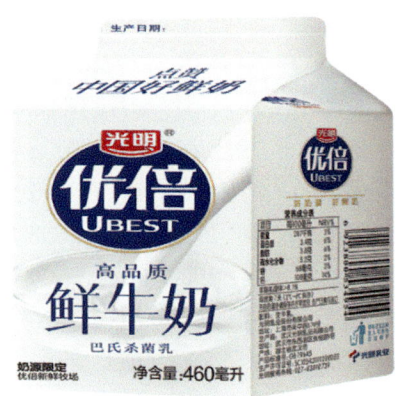

优质乳产品名称	光明优倍高品质鲜牛奶 180mL 屋顶盒
优质乳产品编号	CEMA-N02109PM
验收时间	2018 年 06 月 23 日
复评审时间	2020 年 08 月 26 日
第一次抽检时间	2019 年 10 月 24 日
第二次抽检时间	2020 年 08 月 23 日
第三次抽检时间	2021 年 04 月 24 日
第四次抽检时间	2021 年 10 月 13 日
第五次抽检时间	2023 年 06 月 01 日

所有指标均符合《优质巴氏杀菌乳》标准

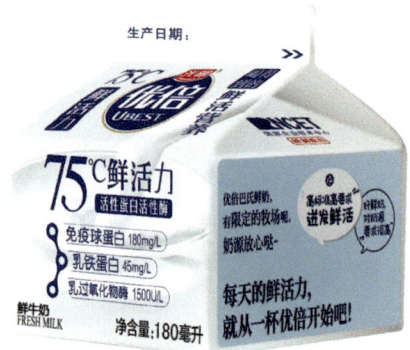

优质乳产品名称	光明优倍高品质鲜牛奶 280mL PET 瓶
优质乳产品编号	CEMA-N02110PM
验收时间	2023 年 06 月 01 日
第一次抽检时间	2023 年 06 月 01 日

所有指标均符合《优质巴氏杀菌乳》标准

光明乳业股份有限公司

优质乳产品名称 光明优倍浓醇高品质鲜牛奶 435mL PET 瓶
优质乳产品编号 CEMA-N02111PM
验　收　时　间 2023 年 06 月 01 日
第一次抽检时间 2023 年 06 月 01 日
所有指标均符合《优质巴氏杀菌乳》标准

优质乳产品名称 光明优倍高品质鲜牛奶 780mL PET 瓶
优质乳产品编号 CEMA-N02112PM
验　收　时　间 2023 年 06 月 01 日
第一次抽检时间 2023 年 06 月 01 日
所有指标均符合《优质巴氏杀菌乳》标准

优质乳产品名称 光明优倍高品质鲜牛奶 900mL 利乐峰
优质乳产品编号 CEMA-N02113PM
验　收　时　间 2023 年 06 月 01 日
第一次抽检时间 2023 年 06 月 01 日
所有指标均符合《优质巴氏杀菌乳》标准

（三）优质乳工程验收

根据《优质乳工程管理办法》的相关规定，国家奶业科技创新联盟于2018年6月对武汉光明及优质乳相关牧场开展了验证和现场验收，包括产品的奶源（牧场）、加工前奶源的投料罐和每种优质乳产品的验证；所有生产优质乳产品生产线的保留时间和保持温度的验证；优质乳产品储藏、运输和销售终端冷链温度的验证；牧场奶源生产管理情况、加工工厂工艺参数控制、产品质量控制情况的现场查看和记录验证等。2018年6月23日，国家奶业科技创新联盟组织专家对武汉光明进行了会议验收，宣布其奶源、工艺和产品符合《优质生乳》（MRT/B 01—2018）和《优质巴氏杀菌乳》（MRT/B 02—2018）的规定，武汉光明通过优质乳工程的验收。

（四）优质乳工程复评审验收

根据《优质乳工程管理办法》的相关规定，国家奶业科技创新联盟对武汉光明乳品有限公司开展了复评审验收，奶源、生产线、产品及储运环节等与验收要求一致。

2020年8月，国家奶业科技创新联盟组织专家线上听取了企业汇报，查阅复评审检测结果，宣布其奶源符合《生乳用途分级技术规范》（T/TDSTIA 001—2019）的规定、工艺符合《优质巴氏杀菌乳加工工艺技术规范》（T/TDSTIA 011—2019）的规定、巴氏杀菌乳产品符合《优质巴氏杀菌乳》（T/TDSTIA 004—2019）的规定：糠氨酸≤12mg/100g蛋白质，乳铁蛋白≥25mg/L，β-乳球蛋白≥2 200mg/L，武汉光明工厂9款巴氏杀菌产品通过优质乳工程复评审验收。

（五）优质乳工程抽检

根据《优质乳工程管理办法》规定，国家奶业科技创新联盟于2019年10月、2020年8月、2021年4月、2021年10月和2023年6月对武汉光明工厂开展了抽检工作。

参加抽检的9款优质乳工程产品各项指标符合《优质巴氏杀菌乳》（T/TDSTIA 004—2019）的规定：糠氨酸≤12mg/100g蛋白质，乳铁蛋白≥25mg/L，β-乳球蛋白≥2 200mg/L。

八、北京光明健能乳业有限公司

（一）工厂介绍

北京光明健能乳业有限公司（以下简称"北京健能"）于 2002 年 12 月 28 日建成投产，占地面积 60 亩，拥有标准化厂房 14 518 平方米，工厂拥有国产、日本、瑞典等国引入的灌装线 20 条，可生产杯装、袋装、纸盒、桶装、利乐砖等各种规格的巴氏杀菌乳、发酵乳、灭菌乳、高温杀菌乳、调制乳及含乳饮料、果汁饮料等。年产约 5 万吨，产品主要覆盖华北、东北地区。

北京光明健能乳业有限公司

北京光明健能乳业有限公司生产车间

（二）优质乳工程产品介绍

北京光明健能工厂共有 8 款巴氏杀菌产品通过国家优质乳工程验收。目前北京健能工厂优质乳产品对应 3 家供应优质奶源牧场和 2 条巴氏杀菌生产线，优质乳产品生产线有"B 巴氏杀菌生产线，加工工艺 75℃/15s、80℃/15s"和"C 巴氏杀菌生产线，加工工艺 75℃/15s、80℃/15s"。

北京光明优质乳生产线名称及编号

序号	企业名称	优质乳生产线名称	加工工艺	生产线编号
1	北京光明健能乳业有限公司	B 巴氏杀菌生产线	75℃/15s；80℃/15s	CEMA-N023PL01
2		C 巴氏杀菌生产线	75℃/15s；80℃/15s	CEMA-N023PL02

北京光明优质乳产品名称及编号

序号	企业名称	产品名称	优质乳产品编号
1	北京光明健能乳业有限公司	光明特品鲜牛奶 243mL 袋	CEMA-N02301PM
2		光明新鲜包鲜牛奶 220mL 袋	CEMA-N02302PM
3		光明优倍高品质鲜牛奶 200mL 屋顶盒	CEMA-N02303PM
4		光明优倍高品质鲜牛奶 500mL 屋顶盒	CEMA-N02304PM
5		光明优倍高品质鲜牛奶 950mL 屋顶盒	CEMA-N02305PM
6		光明乐在新鲜鲜牛奶 200mL 屋顶盒	CEMA-N02306PM
7		光明乐在新鲜鲜牛奶 500mL 屋顶盒	CEMA-N02307PM
8		光明乐在新鲜鲜牛奶 980mL 屋顶盒	CEMA-N02308PM

优 质 乳 产 品 名 称　　光明特品鲜牛奶 243mL 袋
优 质 乳 产 品 编 号　　CEMA-N02301PM
验 　收 　时 　间　　2018 年 06 月 26 日
复 　评 审 　时 　间　　2020 年 08 月 26 日
第 一 次 抽 检 时 间　　2019 年 11 月 19 日
第 二 次 抽 检 时 间　　2020 年 04 月 13 日
第 三 次 抽 检 时 间　　2020 年 08 月 23 日
第 四 次 抽 检 时 间　　2021 年 04 月 08 日
第 五 次 抽 检 时 间　　2021 年 09 月 15 日
第 六 次 抽 检 时 间　　2023 年 05 月 19 日
所有指标均符合《优质巴氏杀菌乳》标准

光明乳业股份有限公司

优 质 乳 产 品 名 称 光明新鲜包鲜牛奶 220mL 袋
优 质 乳 产 品 编 号 CEMA-N02302PM
验 收 时 间 2018 年 06 月 26 日
复 评 审 时 间 2020 年 08 月 26 日
第 一 次 抽 检 时 间 2019 年 11 月 19 日
第 二 次 抽 检 时 间 2020 年 04 月 13 日
第 三 次 抽 检 时 间 2020 年 08 月 23 日
第 四 次 抽 检 时 间 2021 年 04 月 08 日
第 五 次 抽 检 时 间 2021 年 09 月 15 日
第 六 次 抽 检 时 间 2023 年 05 月 19 日
所有指标均符合《优质巴氏杀菌乳》标准

优 质 乳 产 品 名 称 光明优倍高品质鲜牛奶 200mL 屋顶盒
优 质 乳 产 品 编 号 CEMA-N02303PM
验 收 时 间 2018 年 06 月 26 日
复 评 审 时 间 2020 年 08 月 26 日
第 一 次 抽 检 时 间 2019 年 11 月 19 日
第 二 次 抽 检 时 间 2020 年 04 月 13 日
第 三 次 抽 检 时 间 2020 年 08 月 23 日
第 四 次 抽 检 时 间 2021 年 04 月 08 日
第 五 次 抽 检 时 间 2021 年 09 月 15 日
第 六 次 抽 检 时 间 2023 年 05 月 19 日
所有指标均符合《优质巴氏杀菌乳》标准

优 质 乳 产 品 名 称 光明优倍高品质鲜牛奶 500mL 屋顶盒
优 质 乳 产 品 编 号 CEMA-N02304PM
验 收 时 间 2018 年 06 月 26 日
复 评 审 时 间 2020 年 08 月 26 日
第 一 次 抽 检 时 间 2019 年 11 月 19 日
第 二 次 抽 检 时 间 2020 年 04 月 13 日
第 三 次 抽 检 时 间 2020 年 08 月 23 日
第 四 次 抽 检 时 间 2021 年 04 月 08 日
第 五 次 抽 检 时 间 2021 年 09 月 15 日
第 六 次 抽 检 时 间 2023 年 05 月 19 日
所有指标均符合《优质巴氏杀菌乳》标准

优质乳产品名称	光明优倍高品质鲜牛奶 950mL 屋顶盒
优质乳产品编号	CEMA-N02305PM
验　收　时　间	2018 年 06 月 26 日
复　评　审　时　间	2020 年 08 月 26 日
第 一 次 抽 检 时 间	2019 年 11 月 19 日
第 二 次 抽 检 时 间	2020 年 04 月 13 日
第 三 次 抽 检 时 间	2020 年 08 月 23 日
第 四 次 抽 检 时 间	2021 年 04 月 08 日
第 五 次 抽 检 时 间	2021 年 09 月 15 日
第 六 次 抽 检 时 间	2023 年 05 月 19 日

所有指标均符合《优质巴氏杀菌乳》标准

优质乳产品名称	光明乐在新鲜鲜牛奶 200mL 屋顶盒
优质乳产品编号	CEMA-N02306PM
验　收　时　间	2018 年 06 月 26 日
复　评　审　时　间	2020 年 08 月 26 日
第 一 次 抽 检 时 间	2019 年 11 月 19 日
第 二 次 抽 检 时 间	2020 年 04 月 13 日
第 三 次 抽 检 时 间	2020 年 08 月 23 日
第 四 次 抽 检 时 间	2021 年 04 月 08 日
第 五 次 抽 检 时 间	2021 年 09 月 15 日
第 六 次 抽 检 时 间	2023 年 05 月 19 日

所有指标均符合《优质巴氏杀菌乳》标准

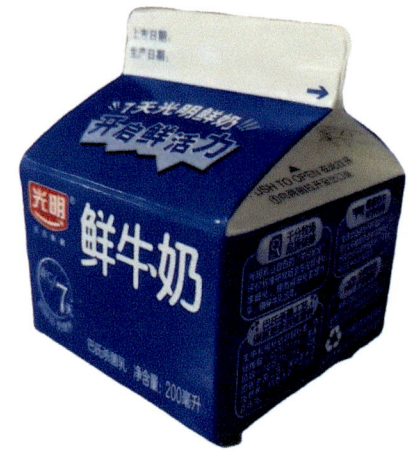

优质乳产品名称	光明乐在新鲜鲜牛奶 500mL 屋顶盒
优质乳产品编号	CEMA-N02307PM
验　收　时　间	2018 年 06 月 26 日
复　评　审　时　间	2020 年 08 月 26 日
第 一 次 抽 检 时 间	2019 年 11 月 19 日
第 二 次 抽 检 时 间	2020 年 04 月 13 日
第 三 次 抽 检 时 间	2020 年 08 月 23 日
第 四 次 抽 检 时 间	2021 年 04 月 08 日
第 五 次 抽 检 时 间	2021 年 09 月 15 日
第 六 次 抽 检 时 间	2023 年 05 月 19 日

所有指标均符合《优质巴氏杀菌乳》标准

优质乳产品名称	光明乐在新鲜鲜牛奶 980mL 屋顶盒
优质乳产品编号	CEMA-N02308PM
验 收 时 间	2018 年 06 月 26 日
复 评 审 时 间	2020 年 08 月 26 日
第一次抽检时间	2019 年 11 月 19 日
第二次抽检时间	2020 年 04 月 13 日
第三次抽检时间	2020 年 08 月 23 日
第四次抽检时间	2021 年 04 月 08 日
第五次抽检时间	2021 年 09 月 15 日
第六次抽检时间	2023 年 05 月 19 日

所有指标均符合《优质巴氏杀菌乳》标准

（三）优质乳工程验收

根据《优质乳工程管理办法》的相关规定，国家奶业科技创新联盟于 2018 年 6 月对北京光明及优质乳相关牧场开展了验证和现场验收，包括产品的奶源（牧场）、加工前奶源的投料罐和每种优质乳产品的验证；所有生产优质乳产品生产线的保留时间和保持温度的验证；优质乳产品储藏、运输和销售终端冷链温度的验证；牧场奶源生产管理情况、加工工厂工艺参数控制、产品质量控制情况的现场查看和记录验证等。

2018 年 6 月 26 日，国家奶业科技创新联盟组织专家对北京光明进行了会议验收，宣布其奶源、工艺和产品符合《优质生乳》（MRT/B 01—2018）和《优质巴氏杀菌乳》（MRT/B 02—2018）的规定，北京光明通过优质乳工程的验收。

（四）优质乳工程复评审验收

根据《优质乳工程管理办法》的相关规定，国家奶业科技创新联盟对北京光明健能乳业有限公司开展了复评审验收，奶源、生产线、产品及储运环节等与验收要求一致。

2020 年 8 月，国家奶业科技创新联盟组织专家线上听取了企业汇报，查阅复评审检测结果，宣布其奶源符合《生乳用途分级技术规范》（T/TDSTIA 001—2019）的规定、工艺符合《优质巴氏杀菌乳加工工艺技术规范》（T/TDSTIA 011—2019）的规定、巴氏杀菌乳产品符合《优质巴氏杀菌乳》（T/TDSTIA 004—2019）的规定：糠氨酸≤ 12mg/100g 蛋白质，乳铁蛋白≥ 25mg/L，β - 乳球蛋白≥ 2 200mg/L，北京光明 8 款巴氏杀菌产品通过优质乳工程复评审验收。

（五）优质乳工程抽检

根据《优质乳工程管理办法》规定，国家奶业科技创新联盟分别于2019年11月、2020年4月、2020年8月、2021年4月、2021年9月和2023年5月对北京光明健能乳业有限公司开展了抽检工作。

参加抽检的8款优质乳工程产品各项指标符合《优质巴氏杀菌乳》（T/TDSTIA 004—2019）的规定：糠氨酸≤12mg/100g蛋白质，乳铁蛋白≥25mg/L，β-乳球蛋白≥2 200mg/L。

九、成都光明乳业有限公司

（一）工厂介绍

成都光明乳业有限公司（以下简称"成都光明"）是光明乳业有限公司响应国家开发中西部的号召而在成都投资设立的乳制品加工、销售企业。公司于2004年12月17日注册成立。2005年9月27日，生产基地建成投产。占地面积65亩（43 000平方米），主要生产新鲜、常温乳制品，年产能16万吨，产品销售覆盖以成都为中心的四川、重庆、云南等地区。

成都光明乳业有限公司

成都光明乳业有限公司灌装车间

（二）优质乳工程产品介绍

成都光明共有 6 款巴氏杀菌产品通过国家优质乳工程验收。成都光明工厂优质乳产品对应 2 家供应优质奶源牧场和 1 条巴氏杀菌生产线，优质乳产品生产线有"C 组巴氏杀菌生产线，加工工艺 75℃/15s、80℃/15s"。

成都光明优质乳生产线名称及编号

序号	企业名称	优质乳生产线名称	加工工艺	生产线编号
1	光明乳业股份有限公司成都工厂	C 组巴氏杀菌生产线	75℃/15s；80℃/15s	CEMA-N025PL01

成都光明优质乳产品名称及编号

序号	企业名称	产品名称	优质乳产品编号
1	成都光明乳业有限公司	光明乐在新鲜鲜牛奶 200mL 屋顶盒	CEMA-N02501PM
2		光明乐在新鲜鲜牛奶 500mL 屋顶盒	CEMA-N02502PM
3		光明乐在新鲜鲜牛奶 980mL 屋顶盒	CEMA-N02503PM
4		光明优倍高品质鲜牛奶 200mL 屋顶盒	CEMA-N02504PM
5		光明优倍高品质鲜牛奶 500mL 屋顶盒	CEMA-N02505PM
6		光明优倍高品质鲜牛奶 950mL 屋顶盒	CEMA-N02506PM

优质乳工程企业名录（2023年）

优质乳产品名称	光明乐在新鲜鲜牛奶 200mL 屋顶盒
优质乳产品编号	CEMA-N02501PM
验 收 时 间	2018 年 06 月 27 日
复 评 审 时 间	2020 年 08 月 26 日
第 一 次 抽 检 时 间	2019 年 11 月 04 日
第 二 次 抽 检 时 间	2020 年 04 月 08 日
第 三 次 抽 检 时 间	2020 年 08 月 22 日
第 四 次 抽 检 时 间	2021 年 04 月 23 日
第 五 次 抽 检 时 间	2021 年 09 月 20 日
第 六 次 抽 检 时 间	2023 年 06 月 08 日

所有指标均符合《优质巴氏杀菌乳》标准

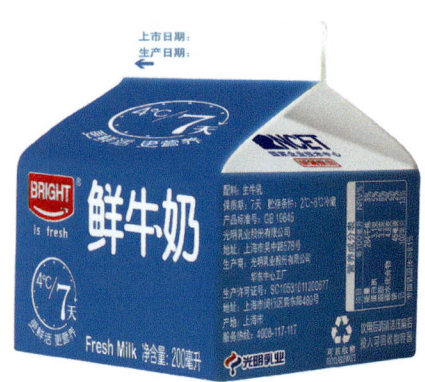

优质乳产品名称	光明乐在新鲜鲜牛奶 500mL 屋顶盒
优质乳产品编号	CEMA-N02502PM
验 收 时 间	2018 年 06 月 27 日
复 评 审 时 间	2020 年 08 月 26 日
第 一 次 抽 检 时 间	2019 年 11 月 04 日
第 二 次 抽 检 时 间	2020 年 03 月 25 日
第 三 次 抽 检 时 间	2020 年 08 月 22 日
第 四 次 抽 检 时 间	2021 年 04 月 23 日
第 五 次 抽 检 时 间	2021 年 09 月 20 日
第 六 次 抽 检 时 间	2023 年 06 月 08 日

所有指标均符合《优质巴氏杀菌乳》标准

优质乳产品名称	光明乐在新鲜鲜牛奶 980mL 屋顶盒
优质乳产品编号	CEMA-N02503PM
验 收 时 间	2018 年 06 月 27 日
复 评 审 时 间	2020 年 08 月 26 日
第 一 次 抽 检 时 间	2019 年 11 月 04 日
第 二 次 抽 检 时 间	2020 年 04 月 08 日
第 三 次 抽 检 时 间	2020 年 08 月 22 日
第 四 次 抽 检 时 间	2021 年 04 月 23 日
第 五 次 抽 检 时 间	2021 年 09 月 20 日
第 六 次 抽 检 时 间	2023 年 06 月 08 日

所有指标均符合《优质巴氏杀菌乳》标准

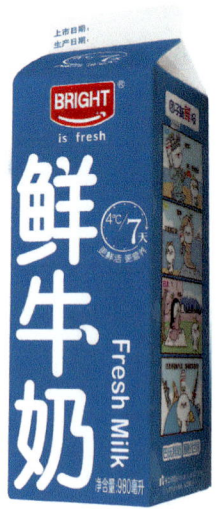

优质乳产品名称 光明优倍高品质鲜牛奶 200mL 屋顶盒
优质乳产品编号 CEMA-N02504PM
验　收　时　间 2018 年 06 月 27 日
复　评　审　时　间 2020 年 08 月 26 日
第 一 次 抽 检 时 间 2019 年 11 月 04 日
第 二 次 抽 检 时 间 2020 年 04 月 08 日
第 三 次 抽 检 时 间 2020 年 08 月 22 日
第 四 次 抽 检 时 间 2021 年 04 月 23 日
第 五 次 抽 检 时 间 2021 年 09 月 20 日
第 六 次 抽 检 时 间 2023 年 06 月 08 日
所有指标均符合《优质巴氏杀菌乳》标准

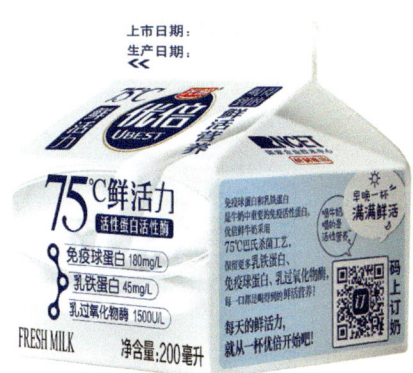

优质乳产品名称 光明优倍高品质鲜牛奶 500mL 屋顶盒
优质乳产品编号 CEMA-N02505PM
验　收　时　间 2018 年 06 月 27 日
复　评　审　时　间 2020 年 08 月 26 日
第 一 次 抽 检 时 间 2019 年 11 月 04 日
第 二 次 抽 检 时 间 2020 年 03 月 25 日
第 三 次 抽 检 时 间 2020 年 08 月 22 日
第 四 次 抽 检 时 间 2021 年 04 月 23 日
第 五 次 抽 检 时 间 2021 年 09 月 20 日
第 六 次 抽 检 时 间 2023 年 06 月 08 日
所有指标均符合《优质巴氏杀菌乳》标准

优质乳产品名称 光明优倍高品质鲜牛奶 950mL 屋顶盒
优质乳产品编号 CEMA-N02506PM
验　收　时　间 2018 年 06 月 27 日
复　评　审　时　间 2020 年 08 月 26 日
第 一 次 抽 检 时 间 2019 年 11 月 04 日
第 二 次 抽 检 时 间 2020 年 03 月 25 日
第 三 次 抽 检 时 间 2020 年 08 月 22 日
第 四 次 抽 检 时 间 2021 年 04 月 23 日
第 五 次 抽 检 时 间 2021 年 09 月 20 日
第 六 次 抽 检 时 间 2023 年 06 月 08 日
所有指标均符合《优质巴氏杀菌乳》标准

（三）优质乳工程验收

根据《优质乳工程管理办法》的相关规定，国家奶业科技创新联盟于 2018 年 6 月对成都光明及优质乳相关牧场开展了验证和现场验收，包括产品的奶源（牧场）、加工前奶源的投料罐和每种优质乳产品的验证；所有生产优质乳产品生产线的保留时间和保持温度的验证；优质乳产品储藏、运输和销售终端冷链温度的验证；牧场奶源生产管理情况、加工工厂工艺参数控制、产品质量控制情况的现场查看和记录验证等。

2018 年 6 月 27 日，国家奶业科技创新联盟组织专家对成都光明进行了会议验收，宣布其奶源、工艺和产品符合《优质生乳》（MRT/B 01—2018）和《优质巴氏杀菌乳》（MRT/B 02—2018）的规定，成都光明通过优质乳工程的验收。

（四）优质乳工程复评审验收

根据《优质乳工程管理办法》的相关规定，国家奶业科技创新联盟对成都光明开展了复评审验收，奶源、生产线、产品及储运环节等与验收要求一致。

2020 年 8 月，国家奶业科技创新联盟组织专家线上听取了企业汇报，查阅复评审检测结果，宣布其奶源符合《生乳用途分级技术规范》（T/TDSTIA 001—2019）的规定、工艺符合《优质巴氏杀菌乳加工工艺技术规范》（T/TDSTIA 011—2019）的规定、巴氏杀菌乳产品符合《优质巴氏杀菌乳》（T/TDSTIA 004—2019）的规定：糠氨酸 ≤ 12mg/100g 蛋白质，乳铁蛋白 ≥ 25mg/L，β-乳球蛋白 ≥ 2 200mg/L，成都光明 6 款巴氏杀菌产品通过优质乳工程复评审验收。

（五）优质乳工程抽检

根据《优质乳工程管理办法》规定，国家奶业科技创新联盟于 2019 年 11 月、2020 年 3 月、2020 年 8 月、2021 年 4 月、2021 年 9 月和 2023 年 6 月对成都光明开展了抽检工作。

参加抽检的 6 款优质乳工程产品各项指标符合《优质巴氏杀菌乳》（T/TDSTIA 004—2019）的规定：糠氨酸 ≤ 12mg/100g 蛋白质，乳铁蛋白 ≥ 25mg/L，β-乳球蛋白 ≥ 2 200mg/L。

十、企业开展的优质乳工程活动

（一）承办首届中国奶业新鲜峰会

2019年11月26日，由国家农业科技创新联盟主办，国家奶业科技创新联盟、光明乳业承办的以"振兴奶业、优质发展、鲜致未来"为主题的"首届中国奶业新鲜峰会"在上海召开。以首届中国奶业新鲜峰会为起点，《上海宣言》为序章，隆重发布了我国第一部优质巴氏杀菌乳完整标准体系，包括《特优级生乳》《优级生乳》《优质巴氏杀菌乳》《奶及奶制品中乳铁蛋白的测定液相色谱法》《乳及乳制品中 β-乳球蛋白的测定液相色谱法》《巴氏杀菌乳中碱性磷酸酶活性的测定发光法》等6个标准。此外，还同时发布了《优质超高温瞬时灭菌乳》标准。本次会议开展广泛而深入的探讨交流、沟通对话，就振兴民族奶业、健康中国家庭、造福子孙万代的历史使命达成共识，从而共同构建起坚强有力的中国乳业新鲜联盟。

国家奶业科技创新联盟系列团体标准发布（2019年11月26日）

（二）召开光明牧业论坛暨长三角奶业大会

2019年8月13日，国家奶业科技创新联盟理事长王加启、副理事长郑楠和秘书长张养东等参加第20届光明牧业论坛暨第12届长三角奶业大会。本次大会主题"与国同梦七十载，匠心牧业二十年"。王加启理事长应邀作为大会演讲嘉宾在大会上作了题为《不

国家奶业科技创新联盟理事长王加启作报告
（2019年8月13日）

忘初心 凝聚匠心 牢记使命》的大会报告。王加启理事长提出中国奶业的发展始终只能依靠中国自己，因此需要优质乳标准体系引领行业发展。目前优质乳工程已经发展出了引领世界的优质乳标准体系，其必将为健康中国、引领奶业供给侧结构性改革提供助力，真正践行"不忘初心、凝聚匠心、牢记使命"。

（三）商讨《2019年中国优质巴氏奶发展研讨会论坛》筹备事宜

2019年8月22日，国家奶业科技创新联盟理事长王加启等一行到上海光明乳业进行会议座谈，与光明乳业讨论《2019年中国优质巴氏奶发展研讨会论坛》筹备事宜。王加启理事长在本次研讨会中提纲挈领地指出，优质乳工程是科学理论、是成熟可靠的技术体系、是伟大实践，更是历史使命。双方共同商定会议主办单位为国家农业科技创新联盟，承办单位为国家奶业科技创新联盟和光明乳业。

2019年中国优质巴氏奶发展研讨会论坛商讨会
（2019年8月22日）

（四）优质乳工程工作交流

2019年9月7日至8日，国家奶业科技创新联盟理事长王加启等一行赴上海光明乳业交流光明优质乳工程工作，主要探讨了光明优质乳工程进展，确定了下一步工作方向。

（五）光明乳业荣获优质乳工程科技创新奖和工匠团队奖

2019年5月5日，第六届"奶牛营养与牛奶质量"国际研讨会上，光明乳业在2017—2018年度优质乳工程系列公益品评活动中荣获"优质乳工程科技创新奖"和"优质乳工程工匠团队奖"，光明乳业在实施优质乳工程过程中的科技成果和团队人员得到了国内外专家评委的广泛认可。

光明乳业股份有限公司荣获
"优质乳工程科技创新奖"

光明乳业股份有限公司荣获
"优质乳工程工匠团队奖"

（六）光明乳业被授予优质乳工程助力健康中国先进企业

2021年4月18日，在国家奶业科技创新联盟2021年工作会议上，光明乳业股份有限公司被授予"优质乳工程助力健康中国先进企业"，公司董事长濮韶华荣获"奶业优质发展突出贡献奖"。

光明乳业被授予
"优质乳工程助力健康中国先进企业"

光明乳业董事长荣获
"奶业优质发展突出贡献奖"

企 业 名 称： 广东燕塘乳业股份有限公司

优质乳企业编号： CEMA-N015

法 定 代 表 人： 李志平

企 业 地 址： 广东省广州市黄埔区香荔路 188 号

一、企业介绍

广东燕塘乳业股份有限公司（以下简称"燕塘乳业"）是广东本土第一家液态奶上市公司，加工能力为日产800吨，自有奶源基地，获得"GAP一级认证"及"供港资格"。

广东燕塘乳业股份有限公司红五月良种奶牛场分公司优质乳工程示范牧场

广东燕塘乳业股份有限公司优质乳工程示范工厂

二、优质乳工程产品介绍

燕塘乳业共有 5 款巴氏杀菌产品通过国家优质乳工程验收。燕塘优质乳产品对应 1 家供应优质奶源牧场和 3 条巴氏杀菌生产线，优质乳产品生产线有"巴氏杀菌生产线，加工工艺 77℃/15s"和"巴氏杀菌生产线，加工工艺 75℃/15s"。

燕塘优质乳生产线名称及编号

序号	企业名称	优质乳生产线名称	加工工艺	生产线编号
1	广东燕塘乳业股份有限公司	巴氏杀菌生产线	77℃/15s	CEMA-N015PL01
2		巴氏杀菌生产线	75℃/15s	CEMA-N015PL02
3		巴氏杀菌生产线	77℃/15s	CEMA-N015PL03

燕塘优质乳产品名称及编号

序号	企业名称	产品名称	优质乳产品编号
1	广东燕塘乳业股份有限公司	燕塘鲜牛奶 946mL 屋顶盒	CEMA-N01501PM
2		燕塘鲜牛奶 236mL 屋顶盒	CEMA-N01502PM
3		燕塘鲜牛奶 180mL 屋顶盒	CEMA-N01503PM
4		燕塘新广州鲜牛奶 946mL 屋顶盒	CEMA-N01504PM
5		燕塘新广州鲜牛奶 236mL 屋顶盒	CEMA-N01505PM

优质乳产品名称 燕塘鲜牛奶 946mL 屋顶盒
优质乳产品编号 CEMA-N01501PM
验 收 时 间 2018 年 04 月 22 日
第一次复评审时间 2022 年 12 月 08 日
第二次复评审时间 2022 年 12 月 08 日
第 一 次 抽 检 时 间 2018 年 10 月 06 日
第 二 次 抽 检 时 间 2019 年 10 月 19 日
第 三 次 抽 检 时 间 2020 年 03 月 24 日
第 四 次 抽 检 时 间 2020 年 09 月 13 日
第 五 次 抽 检 时 间 2021 年 05 月 11 日
第 六 次 抽 检 时 间 2021 年 09 月 19 日
第 七 次 抽 检 时 间 2022 年 06 月 23 日

第 八 次 抽 检 时 间　　2022 年 11 月 02 日
第 九 次 抽 检 时 间　　2023 年 04 月 04 日
第 十 次 抽 检 时 间　　2023 年 08 月 08 日
所有指标均符合《优质巴氏杀菌乳》标准

优 质 乳 产 品 名 称　　燕塘鲜牛奶 236mL 屋顶盒
优 质 乳 产 品 编 号　　CEMA-N01502PM
验　收　时　间　　2018 年 04 月 22 日
第 一 次 复 评 审 时 间　　2022 年 12 月 08 日
第 二 次 复 评 审 时 间　　2022 年 12 月 08 日
第 一 次 抽 检 时 间　　2018 年 10 月 06 日
第 二 次 抽 检 时 间　　2019 年 10 月 19 日
第 三 次 抽 检 时 间　　2020 年 03 月 24 日
第 四 次 抽 检 时 间　　2020 年 09 月 13 日
第 五 次 抽 检 时 间　　2021 年 05 月 11 日
第 六 次 抽 检 时 间　　2021 年 09 月 19 日
第 七 次 抽 检 时 间　　2022 年 06 月 23 日
第 八 次 抽 检 时 间　　2022 年 11 月 02 日
第 九 次 抽 检 时 间　　2023 年 04 月 04 日
第 十 次 抽 检 时 间　　2023 年 08 月 08 日
所有指标均符合《优质巴氏杀菌乳》标准

优 质 乳 产 品 名 称　　燕塘鲜牛奶 180mL 屋顶盒
优 质 乳 产 品 编 号　　CEMA-N01503PM
验　收　时　间　　2018 年 04 月 22 日
第 一 次 复 评 审 时 间　　2022 年 12 月 08 日
第 二 次 复 评 审 时 间　　2022 年 12 月 08 日
第 一 次 抽 检 时 间　　2018 年 10 月 06 日
第 二 次 抽 检 时 间　　2019 年 10 月 19 日
第 三 次 抽 检 时 间　　2020 年 03 月 24 日
第 四 次 抽 检 时 间　　2020 年 09 月 13 日
第 五 次 抽 检 时 间　　2021 年 05 月 11 日
第 六 次 抽 检 时 间　　2021 年 09 月 19 日
第 七 次 抽 检 时 间　　2022 年 06 月 23 日
第 八 次 抽 检 时 间　　2022 年 11 月 02 日
第 九 次 抽 检 时 间　　2023 年 04 月 04 日
第 十 次 抽 检 时 间　　2023 年 08 月 08 日
所有指标均符合《优质巴氏杀菌乳》标准

优 质 乳 产 品 名 称	燕塘新广州鲜牛奶 946mL 屋顶盒
优 质 乳 产 品 编 号	CEMA-N01504PM
验 收 时 间	2019 年 10 月 19 日
第 一 次 复 评 审 时 间	2022 年 12 月 08 日
第 二 次 复 评 审 时 间	2022 年 12 月 08 日
第 一 次 抽 检 时 间	2019 年 10 月 19 日
第 二 次 抽 检 时 间	2020 年 05 月 11 日
第 三 次 抽 检 时 间	2020 年 09 月 13 日
第 四 次 抽 检 时 间	2021 年 05 月 11 日
第 五 次 抽 检 时 间	2021 年 09 月 19 日
第 六 次 抽 检 时 间	2022 年 06 月 23 日
第 七 次 抽 检 时 间	2022 年 11 月 02 日
第 八 次 抽 检 时 间	2023 年 04 月 04 日
第 九 次 抽 检 时 间	2023 年 08 月 08 日

所有指标均符合《优质巴氏杀菌乳》标准

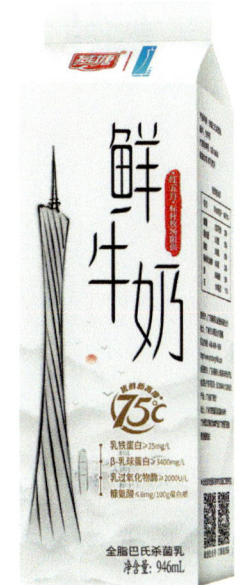

优 质 乳 产 品 名 称	燕塘新广州鲜牛奶 236mL 屋顶盒
优 质 乳 产 品 编 号	CEMA-N01505PM
验 收 时 间	2020 年 09 月 13 日
第 一 次 复 评 审 时 间	2022 年 12 月 08 日
第 一 次 抽 检 时 间	2020 年 09 月 13 日
第 二 次 抽 检 时 间	2021 年 05 月 11 日
第 三 次 抽 检 时 间	2021 年 09 月 19 日
第 四 次 抽 检 时 间	2022 年 06 月 23 日
第 五 次 抽 检 时 间	2022 年 11 月 02 日
第 六 次 抽 检 时 间	2023 年 04 月 06 日
第 七 次 抽 检 时 间	2023 年 08 月 08 日

所有指标均符合《优质巴氏杀菌乳》标准

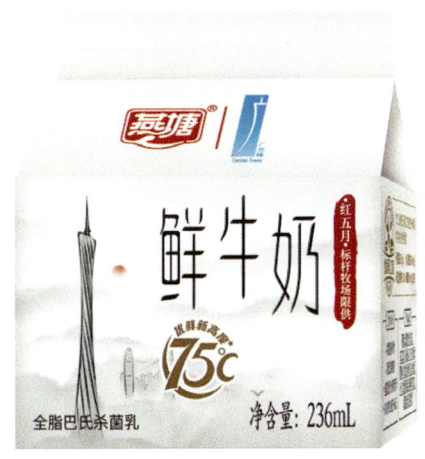

三、优质乳工程启动

2017年3月，燕塘乳业向国家奶业科技创新联盟提交申请表和企业生产情况调查表等材料，申请实施优质乳工程。经过专家的调研与技术指导，燕塘乳业于2017年6月全面启动实施优质乳工程。

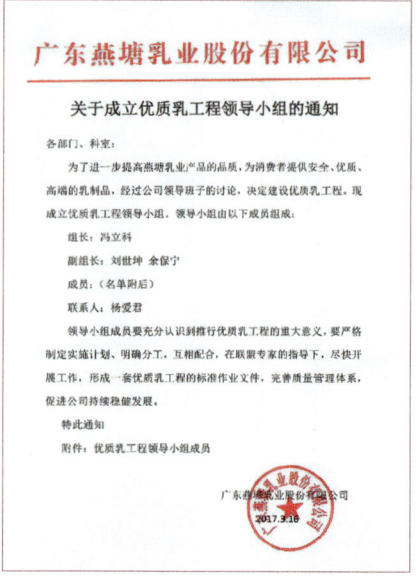

燕塘乳业关于成立优质乳工程小组的通知

四、优质乳工程验收

根据《优质乳工程管理办法》的相关规定，国家奶业科技创新联盟于2018年4月对燕塘乳业开展了验证和现场验收，包括产品的奶源（牧场）、加工前奶源的投料罐和每种优质乳产品的验证；所有生产优质乳产品生产线的保留时间和保持温度的验证；优质乳产品储藏、运输和销售终端冷链温度的验证；牧场奶源生产管理情况、加工厂工艺参数控制、产品质量控制情况的现场查看和记录验证等。

广东燕塘乳业股份有限公司通过验收新闻发布会（2018年4月22日）

2018年4月22日，国家奶业科技创新联盟组织专家听取燕塘乳业优质乳进展汇报及完善的糠氨酸和碱性磷酸酶检测方法，查阅了燕塘乳业形成的系列规范作业标准文件：《优质乳奶源质量安全全程控制规范》《优质乳加工工艺全程控制规范》《优质乳存储运输销售全程控制规范》等，认为其奶源、产品基本确保优质乳工程能够长期稳定地实施，最终形成燕塘乳业通过优质乳工程的验收决议。

广东燕塘乳业股份有限公司通过验收新闻发布会
（2018年4月22日）

燕塘乳业新闻发布会国家奶业科技创新联盟
副理事长顾佳升作主题发言（2018年4月22日）

燕塘乳业优质乳生产线

五、优质乳工程复评审验收

根据《优质乳工程管理办法》的相关规定，国家奶业科技创新联盟2020年9月和2022年12月对燕塘乳业开展了优质乳工程复评审现场验证工作，奶源、生产线、产品及储运环节等与验收要求一致。

优质乳产品杀菌设备稳定性现场检测工作　　　　　优质乳样品现场检测工作

2022年12月，国家奶业科技创新联盟组织专家线上听取企业汇报，宣布燕塘乳业优质乳工程产品在奶源管控方面、加工管控方面、检测管控方面、冷链物流配送方面均符合优质乳联盟的要求，通过优质乳工程第二次复评审验收。

优质乳工程复评审（第二次）现场验收工作会议

优质乳产品K1巴氏杀菌机保温时间验证

六、优质乳工程抽检

根据《优质乳工程管理办法》规定,国家奶业科技创新联盟于2018年10月、2019年10月、2020年3月、2020年9月、2021年5月、2021年9月、2022年6月、2022年11月、2023年4月和2023年8月对燕塘乳业开展了抽检工作。

参加抽检的5款优质乳工程产品各项指标符合《优质巴氏杀菌乳》(T/TDSTIA 004—2019)的规定:糠氨酸≤12mg/100g蛋白质,乳铁蛋白≥25mg/L,β-乳球蛋白≥2 200mg/L。

七、企业开展的优质乳工程活动

(一)粤港澳大湾区奶业高质量发展论坛

第一届粤港澳大湾区奶业高质量发展论坛:2019年10月29日由国家农业科技创新联盟主办,国家奶业科技创新联盟、广东省农垦集团有限公司及燕塘乳业联合承办的"粤港澳大湾区奶业高质量发展论坛"在广州召开。会上,国家奶业科技创新联盟发布首个《生乳用途分级技术规范》。这也是中国优质乳工程第一次在华南地区召开大型的主题交流活动。

此次论坛上,燕塘乳业被授予"优质乳工程标杆演示企业"和"优质乳工程标杆演示牧场"两个奖项,这不但意味着行业对其优质乳品和科研成就的承认,更标志着本土优质乳工程标杆企业的诞生。

"粤港澳大湾区奶业高质量发展论坛"现场活动照

"粤港澳大湾区奶业高质量发展论坛"演讲嘉宾合影

（二）优质乳销往港澳情况

燕塘乳业广州开发区旗舰工厂具有"智能高效、节能环保、行业演示"的杰出特性。继承燕塘"科技兴乳"的主旨发展理念，粤港澳大湾区挑战总投资超过6亿元，引进天下领先的乳品加工工艺，年产量最高可达25万吨。

在新工厂稳定投产后，燕塘乳业取得了"出口食物生产企业备案证明"，另外，燕塘乳业获得了粤港澳大湾区"菜篮子"生产基地认定，进而成为内陆为数不多的进军我国港澳地区的乳企。

2019年9月，经中国质量认证中心（CQC）现场审核通过，燕塘牛奶正式登陆澳门，率先开启内陆鲜奶成品供应港澳地区的优鲜之路，不断迎合时下消费者对优鲜乳品的执念。

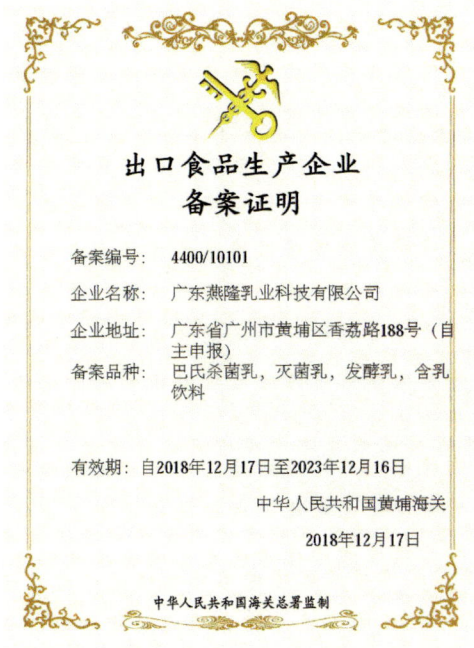
出口食品生产企业备案证明

燕塘乳业"菜篮子"生产基地认定证书

燕塘乳业供港澳产品冷藏运输专车

（三）红五月优质乳工程牧场调研

2018年4月22日，自燕塘乳业完成优质乳工程验收工作后，国家奶业科技创新联盟多次赴燕塘乳业优质乳工程牧场红五月调研，指导优质生乳生产工作。阳江红五月牧场在国家奶业科技创新联盟专家的技术指导下，生乳指标超过欧盟和美国标准的要求。

（四）优质乳食品安全体验行活动情况

2018年7月27日黄埔区、广州开发区食品安全体验行活动在燕塘乳业全新旗舰工厂正式启动。活动中强调了优质乳的质量保证环节：奶源、生产、品控、运输、储存等。

食品安全体验行活动现场

（五）燕塘乳业荣获优质乳工程检测技术奖

2019年5月5日，第六届"奶牛营养与牛奶质量"国际研讨会上，燕塘乳业旗下子公司广东燕隆乳业科技有限公司在2017—2018年度优质乳工程系列公益品评活动中荣获"优质乳工程检测技术奖"。在"千人品鉴优质乳"活动中，燕塘鲜牛奶产品获得"中年最喜爱金奖"称号。荷兰乌得勒支大学Fink-Gremmels教授评价该产品的质量、口味和酸度等与其他牛奶不一样，相比于其他牛奶，她更喜欢燕塘鲜牛奶产品。

广东燕隆乳业科技有限公司荣获
"优质乳工程检测技术奖"

燕塘鲜牛奶荣获"中年最喜爱金奖"

（六）提升检测能力

从 2018 年起燕塘乳业安排人员积极参加农业农村部奶及奶制品质量安全监督检验测试中心（北京）组织的牛奶中糠氨酸、乳果糖、乳铁蛋白、α-乳白蛋白和β-乳球蛋白等指标检测技术培训，具备优质乳产品核心指标的检测能力。2019 年、2020 年燕塘乳业工作人员参加了国家奶业科技创新联盟举办的优质乳产品核心指标检测能力验证，并通过能力验证比对考核。

燕塘乳业检测人员进行优质乳产品相关检测

（七）优质乳透明工厂游活动情况

燕塘乳业从 2018 年起针对小朋友及家长开展了"燕塘牛奶营养小课堂"的科普宣传活动，向消费者传递优质乳的营养知识。

燕塘乳业牛奶营养小课堂科普宣传活动现场

燕塘乳业生产车间参观通道科普讲解宣传现场

（八）广东省食品学会年会上优质乳科普宣传活动

2019 年燕塘乳业党委委员兼总工程师余保宁带队在中乳协、省食品学会、省食品行业协会发表《益生菌在乳品中的应用研究》《着力推动奶业发展、确保乳品质量安全》等学术主旨演讲，对燕塘乳业的优质乳工程项目工作等进行了汇报。

燕塘乳业作为主讲嘉宾现场科普宣传优质乳活动照

（九）优质乳升级版新品发布宣传情况

2020年4月燕塘乳业携手广州塔推出了新广州优质乳鲜牛奶，这也是首款与现代城市地标结合的乳制品。该产品还引入了新的奶源管理及加工品控技术，定位更鲜活更营养高端，以最小损失生乳营养，最大程度保留生乳中的活性物质为最终产品目标。该产品具有乳品行业示范作用，引进从奶源源头→运输→生产加工→终端输送全产业链的先进管控技术，实现了节能减耗，提升国内乳品消费信心。

燕塘乳业"新广州"优质乳鲜牛奶市场推广活动现场

（十）"新广州"鲜牛奶入选 2021 年度"人民好品工程"

2021 年 5 月，"新广州"鲜牛奶入选 2021 年度"人民好品工程"。燕塘乳业始终秉持坚定信仰，不断以提升品质为重要基石走在行业前端，为广大消费者提供优质的牛奶。本次入选"人民好品工程"意味着燕塘乳业会更积极追求高质量发展，继续把好奶源关、生产关、建立冷链销售体系，确保产品快速、新鲜、安全送到消费者手上。

"新广州"鲜牛奶入选 2021 年度
"人民好品工程"

2021 年 5 月 11 日"人民好品工程"品牌影响力论坛

（十一）燕塘乳业被授予优质乳工程助力健康中国先进企业

2021 年 4 月 18 日，在国家奶业科技创新联盟 2021 年工作会议上，广东燕塘乳业股份有限公司被授予"优质乳工程助力健康中国先进企业"，公司党委副书记、总裁冯立科荣获"奶业优质发展突出贡献奖"。在消费全面升级的当下，燕塘乳业坚守"用心做好每一份牛奶"的初心，加大食品安全管理和科技创新投入，以"从牧场到餐桌"的全程质量管理，为消费者提供高标准的优质牛奶。

燕塘乳业荣获
"优质乳工程助力健康中国先进企业"称号

公司党委副书记、总裁冯立科荣获
"奶业优质发展突出贡献奖"

（十二）燕塘乳业携优质乳产品亮相中国奶业大会暨奶业 D20 峰会

2021 年 7 月 17—19 日，燕塘乳业作为华南地区首个且唯一的中国乳业 20 强联盟成员，出席第十二届中国奶业大会暨中国奶业 D20 峰会，农业农村部副部长马有祥莅临参观展区。在听取汇报后，充分肯定了燕塘乳业在奶源建设、乳品加工及品质控制等方面的工作，并给出相关指导性意见。燕塘乳业作为华南乳业的行业标杆，依托产业链上游的牧草种植及标杆级牧场群构成的高品质奶源体系，被誉为华南乳业新地标的智能化旗舰工厂，国家级乳制品技术中心为核心的技术系统以及无缝对接冷链体系、立体化营销网络，构造了具有南方特色的一体化全产业链。燕塘乳业会继续以严苛的标准驱动发展、以更好的品质引领前进。

燕塘乳业参加中国奶业大会暨奶业 D20 峰会

农业农村部副部长马有祥莅临参观
燕塘乳业展区

（十三）燕塘乳业被授予优质乳工程国民营养计划工程企业奖

2022年11月25日，在面向全球直播的"第七届奶牛营养与牛奶质量国际研讨会"上，广东燕塘乳业股份有限公司获"国民营养计划助力健康中国功臣企业奖"，公司党委副书记、总裁冯立科荣获"优质乳工程助力国民营养计划工程奖"，燕塘乳业新广州鲜牛奶产品在2022年优质巴氏杀菌乳品鉴活动中，荣获"都市活力金奖"。广东燕塘乳业股份有限公司持之以恒地在全产业链中贯彻实施优质乳工程标准，奠定了发展优质乳的坚实基础。

燕塘乳业荣获
"国民营养计划助力健康中国功臣企业奖"

公司党委副书记、总裁冯立科荣获
"优质乳工程助力国民营养计划工程奖"

广东燕隆乳业科技有限公司荣获"优质乳工程检测技术奖"

（十四）燕塘乳业获得乳制品生产企业现代化等级评价（5A级）认定

2023年7月，在第十四届中国奶业大会、2023年中国奶业20强（D20）峰会，燕塘乳业广州开发区智能旗舰工厂获得2023年乳制品生产企业现代化等级评价AAAAA级（5A级）认定。立足数智化发展浪潮，燕塘乳业以创新为抓手，以高质量发展为引领，建立具有"智能高效、节能环保、行业示范"优势的华南乳业地标——广州开发区智能旗舰工厂，并以此打造一流的数字化科创平台，全面推进科技兴乳，带来更多高标准优品。

燕塘乳业获得乳制品生产企业现代化等级评价（5A级）认定

企 业 名 称： 广州风行乳业股份有限公司

优质乳企业编号： CEMA-N016

法 定 代 表 人： 韩春辉

企 业 地 址： 广州市天河区沙太南路 342 号

一、企业介绍

广州风行乳业股份有限公司（以下简称"风行乳业"）隶属于越秀集团，公司历史可溯源至 1865 年，1952 年注册"风行牌"，是拥有悠久历史的全产业链乳品企业及乳品品牌。

风行乳业坚守"牛在身边·奶更新鲜"的品牌基因，为继续打造本土优质放心鲜奶产品，风行乳业不断进行工艺优化，以保留牛奶更多天然活性营养，2020 年 8 月 20 日正式推出 75℃巴氏杀菌工艺的优质乳产品。风行乳业一直坚持通过从奶牛养殖、原奶质量监控的双重把关，优质乳原料奶菌落总数控制在 1 万 CFU/mL 以内，体细胞数控制在 20 万个 /mL，优于欧盟、新西兰标准的 40 万个 /mL 以及美国标准的 75 万个 /mL。从牧场到加工厂实现 1 小时到达，最大程度确保了原奶的新鲜品质。

风行乳业明星产品仙泉湖鲜牛奶和金牌鲜牛奶中的乳铁蛋白、免疫球蛋白含量是 85℃巴氏杀菌工艺产品的 5 倍，分别达到 30 mg/L、100 mg/L 以上；乳过氧化物酶达到 2 000 U/L 以上；β-乳球蛋白达到 3 400 mg/L 以上。

广州风行乳业股份有限公司优质示范牧场——仙泉湖牧场

广州风行乳业股份有限公司工厂

二、优质乳工程产品介绍

　　风行乳业共有 4 款巴氏杀菌产品通过国家优质乳工程验收。风行优质乳产品对应 1 家供应优质奶源牧场和 1 条巴氏杀菌生产线，优质乳产品生产线为"巴氏杀菌生产线，加工工艺 75℃/15s"。

风行乳业优质乳生产线名称及编号

序号	企业名称	优质乳生产线名称	加工工艺	生产线编号
1	广州风行乳业股份有限公司	巴氏杀菌生产线	75℃/15s	CEMA-N016PL01

风行乳业优质乳产品名称及编号

序号	企业名称	产品名称	优质乳产品编号
1	广州风行乳业股份有限公司	风行仙泉湖牧场鲜牛奶 946mL 屋顶盒	CEMA-N01601PM
2		风行仙泉湖牧场鲜牛奶 236mL 屋顶盒	CEMA-N01602PM
3		风行金牌鲜牛奶 946mL 屋顶盒	CEMA-N01603PM
4		风行金牌鲜牛奶 236mL 屋顶盒	CEMA-N01604PM

优质乳产品名称	风行仙泉湖牧场鲜牛奶 946mL 屋顶盒
优质乳产品编号	CEMA-N01601PM
验收时间	2018 年 04 月 22 日
第一次抽检时间	2018 年 10 月 09 日
第二次抽检时间	2019 年 10 月 19 日
第三次抽检时间	2020 年 03 月 22 日
第四次抽检时间	2020 年 09 月 10 日
第五次抽检时间	2021 年 05 月 12 日
第六次抽检时间	2021 年 09 月 20 日
第七次抽检时间	2022 年 07 月 07 日
第八次抽检时间	2022 年 11 月 01 日
第九次抽检时间	2023 年 04 月 06 日
第十次抽检时间	2023 年 08 月 06 日

所有指标均符合《优质巴氏杀菌乳》标准

优质乳工程企业名录（2023年）

优质乳产品名称 风行仙泉湖牧场鲜牛奶 236mL 屋顶盒
优质乳产品编号 CEMA-N01602PM
验 收 时 间 2020 年 09 月 10 日
第 一 次 抽 检 时 间 2020 年 09 月 10 日
第 二 次 抽 检 时 间 2021 年 05 月 12 日
第 三 次 抽 检 时 间 2021 年 09 月 20 日
第 四 次 抽 检 时 间 2022 年 07 月 09 日
第 五 次 抽 检 时 间 2022 年 11 月 01 日
第 六 次 抽 检 时 间 2023 年 04 月 06 日
第 七 次 抽 检 时 间 2023 年 08 月 06 日
所有指标均符合《优质巴氏杀菌乳》标准

优质乳产品名称 风行金牌鲜牛奶 946mL 屋顶盒
优质乳产品编号 CEMA-N01603PM
验 收 时 间 2020 年 09 月 10 日
第 一 次 抽 检 时 间 2020 年 09 月 10 日
第 二 次 抽 检 时 间 2021 年 05 月 12 日
第 三 次 抽 检 时 间 2021 年 09 月 20 日
第 四 次 抽 检 时 间 2022 年 07 月 09 日
第 五 次 抽 检 时 间 2022 年 11 月 01 日
第 六 次 抽 检 时 间 2023 年 04 月 06 日
第 七 次 抽 检 时 间 2023 年 08 月 06 日
所有指标均符合《优质巴氏杀菌乳》标准

优质乳产品名称 风行金牌鲜牛奶 236mL 屋顶盒
优质乳产品编号 CEMA-N01604PM
验 收 时 间 2020 年 09 月 10 日
第 一 次 抽 检 时 间 2020 年 09 月 10 日
第 二 次 抽 检 时 间 2021 年 05 月 12 日
第 三 次 抽 检 时 间 2021 年 09 月 20 日
第 四 次 抽 检 时 间 2022 年 07 月 09 日
第 五 次 抽 检 时 间 2022 年 11 月 01 日
第 六 次 抽 检 时 间 2023 年 04 月 06 日
第 七 次 抽 检 时 间 2023 年 08 月 06 日
所有指标均符合《优质巴氏杀菌乳》标准

三、优质乳工程启动

2017年5月，风行乳业向国家奶业科技创新联盟提交优质乳工程企业申请表及相关资料，申请实施优质乳工程。2017年6月28日，风行乳业成立优质乳工程工作小组。经过专家的调研与技术指导，2017年8月14日，风行乳业优质乳工程启动会议在风行乳业沙太工厂召开。2022年12月18日，风行乳业优质乳工程工作小组成员调整。

风行乳业关于成立优质乳工程小组的通知

风行乳业关于调整优质乳工程小组成员的通知

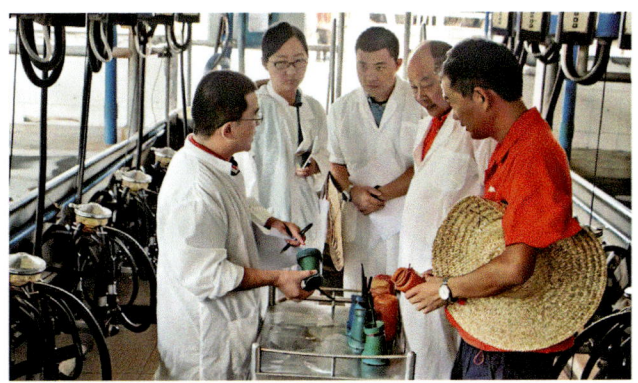

国家奶业科技创新联盟副理事长郑楠、秘书长张养东在风行乳业牧场调研指导

国家奶业科技创新联盟理事长王加启在风行乳业工厂调研指导

四、优质乳工程验收

根据《优质乳工程管理办法》规定，2018年4月，国家奶业科技创新联盟专家组一行对风行乳业实施优质乳工程情况进行现场验证。包括产品的奶源（牧场）、加工前奶源的投料罐和每种优质乳产品的验证；所有生产优质乳产品生产线的保留时间和保持温度的验证；优质乳产品储藏、运输和销售终端冷链温度的验证；牧场奶源生产管理情况、加工厂工艺参数控制、产品质量控制情况的现场查看和记录验证等。

2018年4月22日上午，国家奶业科技创新联盟组织专家听取企业汇报，宣布其奶源符合《优质生乳》（MRT/B 01—2018）中特优级生乳的规定、工艺和产品符合《优质巴氏杀菌乳》（MRT/B 02—2018）的规定，风行乳业通过优质乳工程的验收，成为华南地区首批通过优质乳工程验收的企业之一。

国家奶业科技创新联盟专家组对风行乳业
实施优质乳工程情况进行现场验证

广州风行乳业股份有限公司通过验收新闻发布会
（2018年4月22日）

仙泉湖牧场——利拉伐并列式挤奶生产线

广州风行乳业股份有限公司工厂前处理自动化生产车间

广州风行乳业股份有限公司优质乳生产线

五、优质乳工程复评审验收

根据《优质乳工程管理办法》的相关规定，国家奶业科技创新联盟 2020 年 9 月和 2022 年 7 月对风行乳业开展了优质乳工程复评审现场验证工作，奶源、生产线、产品及储运环节等与验收要求一致。

六、优质乳工程抽检

根据《优质乳工程管理办法》规定，国家奶业科技创新联盟于 2018 年 10 月、2019 年 10 月、2020 年 3 月、2020 年 9 月、2021 年 5 月、2021 年 9 月、2022 年 7 月、2022 年 11 月、2023 年 4 月和 2023 年 8 月对风行乳业开展了抽检工作。

参加抽检的 4 款优质乳工程产品各项指标符合《优质巴氏杀菌乳》（T/TDSTIA 004—2019）的规定：糠氨酸 ≤ 12mg/100g 蛋白质，乳铁蛋白 ≥ 25mg/L，β- 乳球蛋白 ≥ 2 200mg/L。

七、企业开展的优质乳工程活动

（一）风行乳业荣获优质乳工程科普贡献奖

2019 年 5 月 5 日，第六届"奶牛营养与牛奶质量"国际研讨会上，风行乳业在 2017—2018 年度优质乳工程系列公益品评活动中荣获"优质乳工程科普贡献奖"。

广州风行乳业股份有限公司荣获"优质乳工程科普贡献奖"

（二）开展优质乳工程仙泉湖示范牧场体验游活动

风行乳业通过开设风行牛奶小讲堂，开展优质乳工程仙泉湖示范牧场体验游活动，引导消费者科学饮奶、倡导"天然活性营养"消费理念。

开展优质乳工程仙泉湖示范牧场体验游活动

（三）提升检测能力

从2018年起风行乳业安排人员积极参加农业农村部奶及奶制品质量安全监督检验测试中心（北京）组织的牛奶中糠氨酸、乳果糖、乳铁蛋白、α-乳白蛋白和β-乳球蛋白等指标检测技术现场培训，具备优质乳产品核心指标的检测能力。

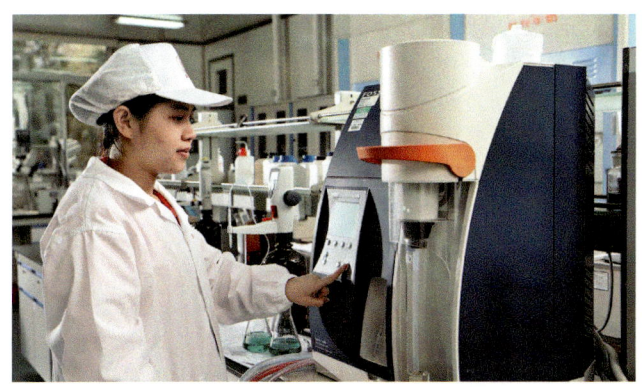

风行乳业检测人员进行优质乳产品检测

（四）风行乳业被授予优质乳工程助力健康中国先进企业

2021年4月18日，由国家奶业科技创新联盟举办的2021年国家奶业科技创新联盟工作会议在北京隆重召开。广州风行乳业股份有限公司在本次会上被授予"优质乳工程助力健康中国先进企业"，公司总经理韩春辉荣获"奶业优质发展突出贡献奖"。

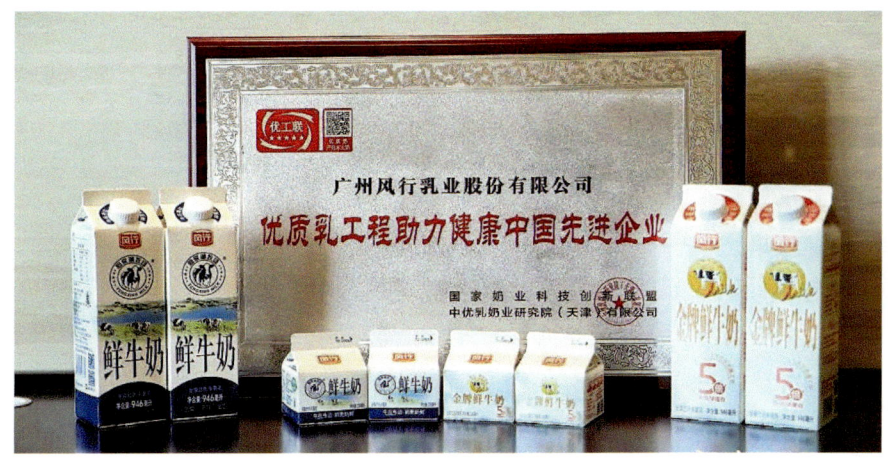

风行乳业被授予"优质乳工程助力健康中国先进企业"

公司总经理韩春辉荣获
"奶业优质发展突出贡献奖"

（五）风行乳业被授予优质乳工程助力国民营养计划功臣企业奖

2022年11月25日，第七届"奶牛营养与牛奶质量"国际研讨会以线上直播方式召开。风行乳业获得"优质乳工程助力国民营养计划功臣企业奖"，总经理韩春辉获得"优质乳工程助力国民营养计划功臣奖"，风行仙泉湖牧场鲜牛奶荣获"品质创新金奖"。

风行乳业荣获
"优质乳工程助力国民营养计划功臣企业奖"

公司总经理韩春辉荣获
"优质乳工程助力国民营养计划功臣奖"

风行仙泉湖牧场鲜牛奶荣获"品质创新金奖"

企 业 名 称： 山东得益乳业股份有限公司

优质乳企业编号： CEMA-N017

法 定 代 表 人： 王培亮

企 业 地 址： 山东省淄博市高新技术产业开发区裕民路 135 号

一、企业介绍

山东得益乳业股份有限公司（以下简称"得益乳业"）是一家集生态化农业种植、规模化奶牛养殖、智能化乳品加工、现代化冷鲜物流、数字化营销服务于一体的农业产业化国家重点龙头企业。得益乳业是中国乳制品工业协会副理事长单位，中国奶业协会副会长单位，中国奶业D20企业成员，全国液态奶消费者满意度"七冠王"单位，2018年服务上海合作组织青岛峰会。产品市场覆盖全省16地市及省外北京、天津、河北、山西、河南、江苏、安徽、浙江、上海等省份。

喝好奶，当然要鲜活！得益乳业始终坚持低温奶战略，专注于低温巴氏鲜奶和酸奶产品的研发生产。坚持技术为产品赋能，在巴氏鲜奶方面不断进行技术的突破和创新，实现75℃/15s巴氏杀菌工艺，保留牛奶中更多活性营养物质。得益乳业打造从源头牧场到百姓餐桌的全程"生态产业链"，形成了种—养—加—配—售全链条自控的经营模式，实现了从上游奶牛养殖、饲草种植、生态观光、饲料加工，到中游生产加工、技术研发、全面质量检测到下游冷链物流配送及数字终端服务的自主掌控。

山东得益乳业股份有限公司工厂

山东得益乳业股份有限公司生态化自有农牧园

二、优质乳工程产品介绍

得益乳业共有 10 款巴氏杀菌产品通过国家优质乳工程验收。得益优质乳产品对应 3 个供应优质奶源牧场和 2 条巴氏杀菌生产线，优质乳产品生产线有"1 巴氏杀菌生产线，加工工艺 80℃/15s"和"2 巴氏杀菌生产线，加工工艺 75℃/15s"。最大程度地保留了包括活性免疫球蛋白、活性乳铁蛋白、活性 α-乳白蛋白、活性 β-乳球蛋白、乳过氧化物酶、活性钙、生长因子、生物活性肽等数百种活性物质。

得益乳业优质乳生产线名称及编号

序号	企业名称	优质乳生产线名称	加工工艺	生产线编号
1	山东得益乳业股份有限公司	1 巴氏杀菌生产线	80℃/15s	CEMA-N017PL01
2		2 巴氏杀菌生产线	75℃/15s	CEMA-N017PL02

得益乳业优质乳产品名称及编号

序号	企业名称	产品名称	优质乳产品编号
1	山东得益乳业股份有限公司	得益鲜牛奶 950mL 屋顶盒	CEMA-N01701PM
2		得益鲜牛奶 200mL 屋顶盒	CEMA-N01702PM
3		得益臻优 75℃鲜活高品质鲜牛奶 950mL 屋顶盒	CEMA-N01703PM
4		得益臻优 75℃鲜活高品质鲜牛奶 450mL 屋顶盒	CEMA-N01704PM
5		得益臻优 75℃鲜活高品质鲜牛奶 200mL 屋顶盒	CEMA-N01705PM
6		得益鲜境高品质鲜牛奶 200mL 屋顶盒	CEMA-N01706PM
7		得益鲜境高品质鲜牛奶 450mL 屋顶盒	CEMA-N01707PM
8		得益鲜境高品质鲜牛奶 950mL 屋顶盒	CEMA-N01708PM
9		得益天天得益鲜牛奶 180mL 屋顶盒	CEMA-N01711PM
10		得益巴氏鲜牛奶 200mL 爱克林	CEMA-N01712PM

优质乳产品名称	得益鲜牛奶 950mL 屋顶盒
优质乳产品编号	CEMA-N01701PM
验收时间	2018 年 05 月 24 日
第一次复评审时间	2021 年 04 月 20 日
第一次抽检时间	2019 年 11 月 09 日
第二次抽检时间	2020 年 04 月 07 日
第三次抽检时间	2020 年 08 月 10 日
第四次抽检时间	2021 年 05 月 05 日
第五次抽检时间	2021 年 09 月 14 日
第六次抽检时间	2022 年 07 月 13 日
第七次抽检时间	2023 年 05 月 04 日

所有指标均符合《优质巴氏杀菌乳》标准

优质乳产品名称	得益鲜牛奶 200mL 屋顶盒
优质乳产品编号	CEMA-N01702PM
验收时间	2018 年 05 月 24 日
第一次复评审时间	2021 年 04 月 20 日
第一次抽检时间	2019 年 11 月 09 日
第二次抽检时间	2020 年 04 月 07 日
第三次抽检时间	2020 年 08 月 10 日
第四次抽检时间	2021 年 05 月 05 日
第五次抽检时间	2021 年 09 月 14 日
第六次抽检时间	2022 年 07 月 13 日
第七次抽检时间	2023 年 05 月 04 日

所有指标均符合《优质巴氏杀菌乳》标准

优 质 乳 产 品 名 称 得益臻优 75℃鲜活高品质鲜牛奶 950mL 屋顶盒
优 质 乳 产 品 编 号 CEMA-N01703PM
验 收 时 间 2020 年 08 月 10 日
第 一 次 复 评 审 时 间 2021 年 04 月 20 日
第 一 次 抽 检 时 间 2020 年 08 月 10 日
第 二 次 抽 检 时 间 2021 年 05 月 05 日
第 三 次 抽 检 时 间 2021 年 09 月 14 日
第 四 次 抽 检 时 间 2022 年 07 月 13 日
第 五 次 抽 检 时 间 2023 年 05 月 04 日
所有指标均符合《优质巴氏杀菌乳》标准

优 质 乳 产 品 名 称 得益臻优 75℃鲜活高品质鲜牛奶 450mL 屋顶盒
优 质 乳 产 品 编 号 CEMA-N01704PM
验 收 时 间 2020 年 08 月 10 日
第 一 次 复 评 审 时 间 2021 年 04 月 20 日
第 一 次 抽 检 时 间 2020 年 08 月 10 日
第 二 次 抽 检 时 间 2021 年 05 月 05 日
第 三 次 抽 检 时 间 2021 年 09 月 14 日
第 四 次 抽 检 时 间 2022 年 07 月 13 日
第 五 次 抽 检 时 间 2023 年 05 月 04 日
所有指标均符合《优质巴氏杀菌乳》标准

优 质 乳 产 品 名 称 得益臻优 75℃鲜活高品质鲜牛奶 200mL 屋顶盒
优 质 乳 产 品 编 号 CEMA-N01705PM
验 收 时 间 2020 年 08 月 10 日
第 一 次 复 评 审 时 间 2021 年 04 月 20 日
第 一 次 抽 检 时 间 2020 年 08 月 10 日
第 二 次 抽 检 时 间 2021 年 05 月 05 日
第 三 次 抽 检 时 间 2021 年 09 月 14 日
第 四 次 抽 检 时 间 2022 年 07 月 13 日
第 五 次 抽 检 时 间 2023 年 05 月 04 日
所有指标均符合《优质巴氏杀菌乳》标准

优 质 乳 产 品 名 称	得益鲜境高品质鲜牛奶 200mL 屋顶盒
优 质 乳 产 品 编 号	CEMA-N01706PM
验 收 时 间	2022 年 07 月 13 日
第 一 次 抽 检 时 间	2022 年 07 月 13 日
第 二 次 抽 检 时 间	2023 年 05 月 04 日

所有指标均符合《优质巴氏杀菌乳》标准

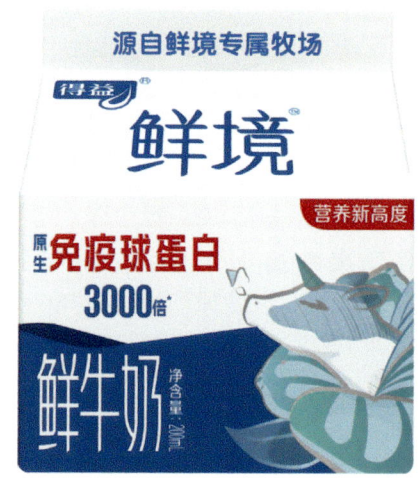

优 质 乳 产 品 名 称	得益鲜境高品质鲜牛奶 450mL 屋顶盒
优 质 乳 产 品 编 号	CEMA-N01707PM
验 收 时 间	2022 年 07 月 13 日
第 一 次 抽 检 时 间	2022 年 07 月 13 日
第 二 次 抽 检 时 间	2023 年 05 月 04 日

所有指标均符合《优质巴氏杀菌乳》标准

优 质 乳 产 品 名 称	得益鲜境高品质鲜牛奶 950mL 屋顶盒
优 质 乳 产 品 编 号	CEMA-N01708PM
验 收 时 间	2022 年 07 月 13 日
第 一 次 抽 检 时 间	2022 年 07 月 13 日
第 二 次 抽 检 时 间	2023 年 05 月 04 日

所有指标均符合《优质巴氏杀菌乳》标准

优质乳产品名称 得益天天得益鲜牛奶 180mL 屋顶盒
优质乳产品编号 CEMA-N01711PM
验 收 时 间 2022 年 07 月 13 日
第一次抽检时间 2022 年 07 月 13 日
第二次抽检时间 2023 年 05 月 04 日
所有指标均符合《优质巴氏杀菌乳》标准

优质乳产品名称 得益巴氏鲜牛奶 200mL 爱克林
优质乳产品编号 CEMA-N01712PM
验 收 时 间 2022 年 07 月 13 日
第一次抽检时间 2022 年 07 月 13 日
第二次抽检时间 2023 年 05 月 04 日
所有指标均符合《优质巴氏杀菌乳》标准

三、优质乳工程启动

2017 年，得益乳业向国家奶业科技创新联盟提交申请表和企业生产情况调查表等材料，申请实施优质乳工程。经过专家的调研与技术指导，得益乳业于 2017 年 5 月 22 日全面启动实施优质乳工程。并于 2022 年 12 月 26 日对优质乳工程小组优化调整。

关于得益乳业优质乳工程小组调整的通知

国家奶业科技创新联盟理事长王加启在得益乳业牧场调研指导

国家奶业科技创新联盟秘书长张养东在得益乳业牧场调研指导

四、优质乳工程验收

根据《优质乳工程管理办法》的相关规定，国家奶业科技创新联盟于2018年5月对得益乳业开展了验证和现场验收，包括产品的奶源（牧场）、加工前奶源的投料罐和每种优质乳产品的验证；所有生产优质乳产品生产线的保留时间和保持温度的验证；优质乳产品储藏、运输和销售终端冷链温度的验证；牧场奶源生产管理情况、加工厂工艺参数控制、产品质量控制情况的现场查看和记录验证等。

2018年5月24日，国家奶业科技创新联盟组织专家听取企业汇报，宣布其奶源符合《优质生乳》（MRT/B 01—2018）中特优级生乳的规定、工艺和产品符合《优质巴氏杀菌乳》（MRT/B 02—2018）的规定，得益乳业通过优质乳工程的验收。

山东得益乳业股份有限公司优质乳工程验收会（2018年5月24日）

山东得益乳业股份有限公司通过验收新闻发布会
（2018年7月10日）

山东得益乳业股份有限公司优质乳生产线

五、优质乳工程复评审验收

根据《优质乳工程管理办法》规定，国家奶业科技创新联盟2021年4月对得益乳业开展了复评审验收工作，奶源、生产线、产品及储运环节等与验收要求一致。

2021年4月20日，国家奶业科技创新联盟组织专家听取企业汇报，宣布其全部牧场奶源符合《优质生乳》（MRT/B 01—2018）中优级生乳的规定、工艺和产品符合《优质巴氏杀菌乳》（MRT/B 02—2018）的规定，得益乳业5款巴氏杀菌乳产品通

优质乳工程复评审专家组现场审核指导

过优质乳工程复评审。

优质乳工程复评审专家组现场审核会议

得益乳业通过优质乳工程复评审

六、优质乳工程抽检

根据《优质乳工程管理办法》规定，国家奶业科技创新联盟于2019年11月、2020年4月、2020年8月、2021年5月和2021年9月、2022年7月和2023年5月对得益乳业开展了抽检工作。

参加抽检的10款优质乳工程产品各项指标符合《优质巴氏杀菌乳》（T/TDSTIA 004—2019）的规定：糠氨酸≤12mg/100g蛋白质，乳铁蛋白≥25mg/L，β-乳球蛋白≥2 200mg/L。

七、企业开展的优质乳工程活动

得益乳业优质乳工程实施以来，不断提升科技水平和产品品质，不断宣传优质乳产品的优质特点，产品中活性物质含量给消费者带来更多的健康价值，使消费者更多选择高品质的得益产品。自2018年7月至2020年7月，单品销量最高增加到原来的5倍。并于2020年突破创新75℃/15s杀菌工艺，开发出优质乳臻优高品质鲜牛奶产品，活性营养提升至新高度。与2021年4月21日通过优质乳复评审，并与2021年中国低温奶鲜活好奶高峰论坛形成济南倡议，让消费者真正认识到优质乳鲜活好奶是健康好奶的新标准。

（一）优质乳鲜活好奶推广论坛

2021年中国低温鲜活好奶高峰论坛·济南倡议

2021年中国低温鲜活好奶高峰论坛
得益乳业优质乳全产业链鲜活好奶成果发布会

2023年中国低温鲜活好奶高峰论坛

得益乳业优质乳全产业链鲜活好奶终端推广活动

（二）得益乳业荣获优质乳工程奖项

2019年5月，第六届"奶牛营养与牛奶质量"国际研讨会上，得益乳业在2017—2018年度优质乳工程系列公益品评活动中荣获"优质乳工程工匠团队奖"。

2021年4月18日，在国家奶业科技创新联盟举办的2021年国家奶业科技创新联盟工作会议上，得益乳业被授予"优质乳工程助力健康中国先进企业"，公司董事长王培亮荣获"奶业优质发展突出贡献奖"。

山东得益乳业股份有限公司荣获"优质乳工程工匠团队奖"

山东得益乳业股份有限公司荣获"消费者喜爱金奖"

山东得益乳业股份有限公司荣获"优质乳工程助力国民营养计划功臣企业奖"

山东得益乳业股份有限公司被授予"优质乳工程助力健康中国先进企业"

公司董事长荣获"奶业优质发展突出贡献奖"

企 业 名 称：南京卫岗乳业有限公司

优质乳企业编号：CEMA-N027

法 定 代 表 人：白元龙

企 业 地 址：南京市江宁经济技术开发区将军大道 139 号

一、企业介绍

南京卫岗乳业有限公司（以下简称"卫岗乳业"）是农业农村部等八部委认定的农业产业化重点龙头企业。

南京卫岗乳业有限公司优质乳示范牧场

南京卫岗乳业有限公司工厂

二、优质乳工程产品介绍

卫岗乳业共有 3 款巴氏杀菌产品通过国家优质乳工程验收。卫岗优质乳产品对应 2 家供应优质奶源牧场和 3 条巴氏杀菌生产线，优质乳产品生产线有"PAS1 巴氏杀菌生产线 GT 00006，加工工艺 78℃/15s""PAS1 巴氏杀菌生产线 GB 00003，加工工艺 78℃/15s"和"PAS1 巴氏杀菌生产线 DOUBLEC，加工工艺 78℃/15s"。

卫岗乳业优质乳生产线名称及编号

序号	企业名称	优质乳生产线名称	加工工艺	生产线编号
1	南京卫岗乳业有限公司	PAS1 巴氏杀菌生产线 GT 00006	78℃/15s	CEMA-N027PL01
2		PAS1 巴氏杀菌生产线 GB 00003	78℃/15s	CEMA-N027PL02
3		PAS1 巴氏杀菌生产线 DOUBLEC	78℃/15s	CEMA-N027PL03

卫岗乳业优质乳产品名称及编号

序号	企业名称	产品名称	优质乳产品编号
1	南京卫岗乳业有限公司	卫岗至淳草饲鲜牛奶 950mL 屋顶盒	CEMA-N02704PM
2		卫岗至淳鲜牛奶 195mL 玻璃瓶	CEMA-N02705PM
3		卫岗至淳高品质鲜牛奶 230mL PET 瓶	CEMA-N02706PM

优质乳工程企业名录（2023年）

优 质 乳 产 品 名 称 卫岗至淳草饲鲜牛奶 950mL 屋顶盒
优 质 乳 产 品 编 号 CEMA-N02704PM
验　收　时　间 2019 年 10 月 22 日
第一次复评审时间 2021 年 04 月 28 日
第 一 次 抽 检 时 间 2019 年 10 月 22 日
第 二 次 抽 检 时 间 2020 年 05 月 05 日
第 三 次 抽 检 时 间 2020 年 11 月 12 日
第 四 次 抽 检 时 间 2021 年 05 月 07 日
第 五 次 抽 检 时 间 2021 年 10 月 04 日
第 六 次 抽 检 时 间 2022 年 06 月 08 日
第 七 次 抽 检 时 间 2022 年 11 月 16 日
第 八 次 抽 检 时 间 2023 年 06 月 13 日
所有指标均符合《优质巴氏杀菌乳》标准

优 质 乳 产 品 名 称 卫岗至淳鲜牛奶 195mL 玻璃瓶
优 质 乳 产 品 编 号 CEMA-N02705PM
验　收　时　间 2019 年 10 月 22 日
第一次复评审时间 2021 年 04 月 28 日
第 一 次 抽 检 时 间 2019 年 10 月 22 日
第 二 次 抽 检 时 间 2020 年 05 月 05 日
第 三 次 抽 检 时 间 2020 年 11 月 12 日
第 四 次 抽 检 时 间 2021 年 05 月 07 日
第 五 次 抽 检 时 间 2021 年 10 月 04 日
第 六 次 抽 检 时 间 2022 年 06 月 14 日
第 七 次 抽 检 时 间 2022 年 11 月 16 日
第 八 次 抽 检 时 间 2023 年 05 月 05 日
所有指标均符合《优质巴氏杀菌乳》标准

优 质 乳 产 品 名 称 卫岗至淳高品质鲜牛奶 230mL PET 瓶
优 质 乳 产 品 编 号 CEMA-N02706PM
验　收　时　间 2020 年 11 月 12 日
第一次复评审时间 2021 年 04 月 28 日
第 一 次 抽 检 时 间 2020 年 11 月 12 日
第 二 次 抽 检 时 间 2021 年 05 月 07 日
第 三 次 抽 检 时 间 2021 年 10 月 04 日
第 四 次 抽 检 时 间 2022 年 06 月 08 日
第 五 次 抽 检 时 间 2022 年 11 月 16 日
第 六 次 抽 检 时 间 2023 年 05 月 05 日
所有指标均符合《优质巴氏杀菌乳》标准

三、优质乳工程启动

2016年卫岗乳业向国家奶业科技创新联盟提交申请表和企业生产情况调查表等材料，申请实施优质乳工程。经过专家的调研与技术指导，卫岗乳业于同年5月全面启动实施优质乳工程。

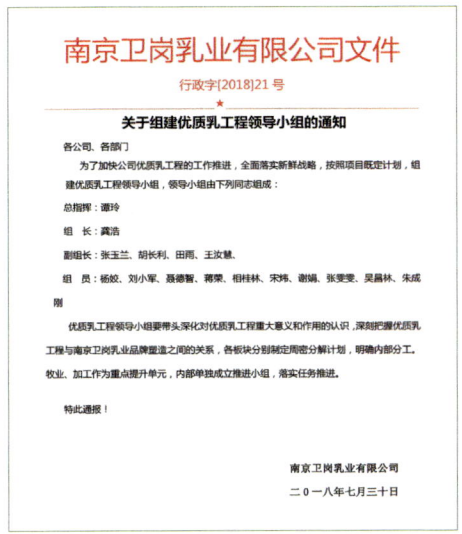

卫岗乳业关于成立优质乳工程
领导小组的通知

国家奶业科技创新联盟理事长王加启、副理事长顾佳升到访
卫岗乳业进行指导（2018年7月8日）

四、优质乳工程验收

根据《优质乳工程管理办法》规定，国家奶业科技创新联盟2018年8月对卫岗乳业开展了验证和现场验收，包括产品的奶源（牧场）、加工前奶源的投料罐和每种优质乳产品的验证；所有生产优质乳产品生产线的保留时间和保持温度的验证；优质乳产品储藏、运输和销售终端冷链温度的验证；牧场奶源生产管理情况、加工厂工艺参数控制、产品质量控制情况的现场查看和记录验证等。

2018年11月11日，国家奶业科技创新联盟组织专家听取企业汇报，宣布奶源符合《优质生乳》（MRT/B 01—2018）中特优级生乳的规定、工艺和产品符合《优质巴氏杀菌乳》（MRT/B 02—2018）的规定，卫岗乳业通过优质乳工程的验收。

国家奶业科技创新联盟在卫岗乳业开展现场验收

国家奶业科技创新联盟在卫岗乳业开展会议验收
（2018年11月11日）

卫岗乳业优质乳生产线

五、优质乳工程复评审验收

根据《优质乳工程管理办法》规定，国家奶业科技创新联盟2021年4月对卫岗乳业开展了复评审验收工作，奶源、生产线、产品及储运环节等与验收要求一致。

2021年4月28日，国家奶业科技创新联盟组织专家听取企业汇报，宣布其全部牧场奶源符合《优质生乳》（MRT/B 01—2018）中特优级生乳的规定、工艺和产品符合《优质巴氏杀菌乳》（MRT/B 02—2018）的规定，卫岗乳业3款巴氏杀菌乳产品通过优质乳工程复评审。

六、优质乳工程抽检

根据《优质乳工程管理办法》规定,国家奶业科技创新联盟于 2019 年 10 月、2020 年 5 月、2020 年 11 月、2021 年 5 月、2021 年 10 月、2022 年 6 月、2022 年 11 和 2023 年 5 月对卫岗乳业开展了抽检工作。

参加抽检的 3 款优质乳工程产品各项指标符合《优质巴氏杀菌乳》(T/TDSTIA 004—2019)的规定:糠氨酸 ≤ 12mg/100g 蛋白质,乳铁蛋白 ≥ 25mg/L,β-乳球蛋白 ≥ 2 200mg/L。

七、企业开展的优质乳工程活动

(一)卫岗乳业优质乳工程进展调研

2018 年 7 月 8 日,国家奶业科技创新联盟组织相关专家赴卫岗乳业调研优质乳工程进展情况,国家奶业科技创新联盟理事长王加启、副理事长顾佳升、秘书长张养东、湖南农业大学张佩华教授等出席会议,王加启理事长作了"优质乳工程"的专题报告。

(二)卫岗乳业荣获优质乳工程科技创新奖

2019 年 5 月 5 日,第六届"奶牛营养与牛奶质量"国际研讨会上,卫岗乳业在 2017—2018 年度优质乳工程系列公益品评活动中荣获"优质乳工程科技创新奖"。在"千人品鉴优质乳"活动中,卫岗至淳鲜牛奶产品获得"女士最喜爱金奖"称号。新西兰乳业

南京卫岗乳业有限公司荣获
"优质乳工程科技创新奖"

卫岗至淳鲜牛奶荣获"女士最喜爱金奖"

协会 Schumacher 主任喜欢卫岗至淳鲜牛奶的口感，很想把该牛奶带回家。

（三）卫岗乳业被授予优质乳工程助力健康中国先进企业

2021年4月18日，由国家奶业科技创新联盟举办的2021年国家奶业科技创新联盟工作会议在北京隆重召开。南京卫岗乳业有限公司在本次会上被授予"优质乳工程助力健康中国先进企业"，公司副总裁谭玲荣获"奶业优质发展突出贡献奖"。

卫岗乳业被授予"优质乳工程助力健康中国先进企业"

公司副总裁谭玲荣获"奶业优质发展突出贡献奖"

（四）卫岗乳业被授予"优质乳工程助力国民营养计划功臣企业奖"

卫岗乳业荣获"优质乳工程助力国民营养计划功臣企业奖"

2022年11月25日，第七届"奶牛营养与牛奶质量"国际研讨会在线上召开，南京卫岗乳业有限公司在该次会上获"优质乳工程助力国民营养计划功臣企业奖"，白元龙董事长获得"优质乳工程助力国民营养计划功臣奖"，卫岗至淳草饲鲜牛奶产品在2022年优质巴氏杀菌乳品鉴活动中荣获"绿色低碳金奖"

公司董事长荣获"优质乳工程助力国民营养计划功臣奖"

卫岗至淳草饲鲜牛奶产品获"绿色低碳金奖"

（五）提升检测能力

卫岗乳业安排人员积极参加农业农村部奶及奶制品质量安全监督检验测试中心（北京）组织的牛奶中糠氨酸、乳果糖、乳铁蛋白、α-乳白蛋白和β-乳球蛋白等指标检测技术培训，具备优质乳产品核心指标的检测能力。2018年5月22日参加了农业农村部奶及奶制品质量监督检验测试中心（北京）组织的检测能力验证比对考核，结果均为"满意"。

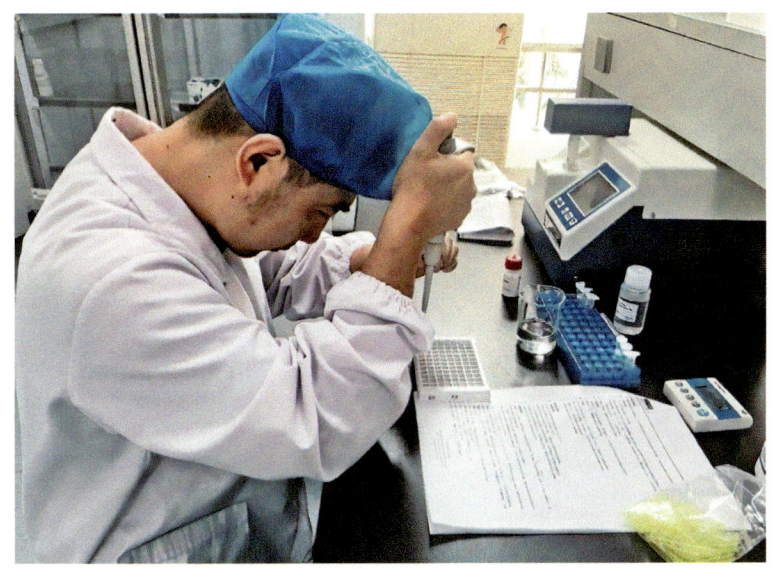

卫岗乳业检测人员进行优质乳产品相关指标检测

（六）优质乳科普宣传活动

卫岗乳业深入20余个地级市，开展近100场大型主题社区活动，推广低温奶知识，普及家庭饮奶习惯，覆盖人群达5 000万人。

卫岗乳业大型社区推广活动照

企 业 名 称： 河南花花牛乳业集团股份有限公司

优质乳企业编号： CEMA-N029

法 定 代 表 人： 唐洪峰

企 业 地 址： 新蔡县产业集聚区文化路与月亮湾大道交叉口

一、企业介绍

河南花花牛乳业集团股份有限公司（以下简称"花花牛乳业"）是一家集农业种植、饲料生产、奶牛养殖、乳品加工为一体的国家级农业产业化重点龙头企业，是中国奶业20强（D20）企业之一，日加工乳制品能力达1 300吨。

河南花花牛乳业集团股份有限公司优质示范牧场——瑞亚牧场

河南花花牛乳业集团股份有限公司优质示范牧场——睢县瑞亚牧场

河南花花牛乳业集团股份有限公司工厂——郑州马寨

二、优质乳工程产品介绍

花花牛乳业河南瑞亚牧场、睢县瑞亚牧场专供优质乳生产奶源，距离加工厂分别为70千米、180千米，确保优质新鲜，共有2款巴氏杀菌产品通过国家优质乳工程验收。优质乳产品分别为"花花牛巴氏鲜牛奶200g爱克林袋"和"花花牛巴氏鲜牛奶180g百利包袋"，采用的巴氏杀菌工艺均为77.3℃/15s，更大程度地保留了牛奶中的乳铁蛋白和β-乳球蛋白等天然活性营养物质。

花花牛优质乳生产线名称及编号

序号	企业名称	优质乳生产线名称	加工工艺	生产线编号
1	河南花花牛乳业集团股份有限公司	爱克林巴氏杀菌生产线	77.3℃/15s	CEMA-N029PL01
2		百利包巴氏杀菌生产线	77.3℃/15s	CEMA-N029PL02

花花牛优质乳产品名称及编号

序号	企业名称	产品名称	优质乳产品编号
1	河南花花牛乳业集团股份有限公司	花花牛巴氏鲜牛奶200g爱克林袋	CEMA-N02901PM
2		花花牛巴氏鲜牛奶180g百利包袋	CEMA-N02902PM

优质乳产品名称	花花牛巴氏鲜牛奶200g爱克林袋
优质乳产品编号	CEMA-N02901PM
验 收 时 间	2019年06月21日
第一次抽检时间	2020年05月18日
第二次抽检时间	2020年11月04日
第三次抽检时间	2021年12月02日
第四次抽检时间	2022年04月07日
第五次抽检时间	2022年12月12日
第六次抽检时间	2023年04月20日

所有指标均符合《优质巴氏杀菌乳》标准

优质乳产品名称	花花牛巴氏鲜牛奶180g百利包袋
优质乳产品编号	CEMA-N02902PM
验 收 时 间	2019年06月21日
第一次抽检时间	2020年05月18日
第二次抽检时间	2020年11月04日
第三次抽检时间	2021年12月02日
第四次抽检时间	2022年04月07日
第五次抽检时间	2022年12月12日
第六次抽检时间	2023年04月20日

所有指标均符合《优质巴氏杀菌乳》标准

三、优质乳工程启动

2018年5月，花花牛乳业向国家奶业科技创新联盟提交申请表和企业生产情况调查表等材料，申请实施优质乳工程。经过专家的调研与技术指导，花花牛乳业于2018年9月全面启动实施优质乳工程。

花花牛乳业优质乳工程实施计划

国家奶业科技创新联盟理事长王加启在
花花牛乳业调研指导

国家奶业科技创新联盟副理事长顾佳升在
花花牛乳业调研指导

四、优质乳工程验收

根据《优质乳工程管理办法》规定，国家奶业科技创新联盟2019年6月对花花牛乳业开展了验证和现场验收，包括产品奶源、加工前奶源的投料罐和每种优质乳产品的验证；优质乳产品生产线的保留时间和保持温度的验证；优质乳产品储藏、运输和销售终端冷链温度的验证；牧场奶源生产管理情况、加工厂工艺参数控制、产品质量控制情况的现场查看和记录验证等。

2019年6月21日，国家奶业科技创新联盟组织专家听取企业汇报，宣布其奶源符合《生乳用途分级技术规范》（T/TDSTIA 001—2019）的规定，工艺符合《优质巴氏杀菌乳加工工艺技术规范》（T/TDSTIA 011—2019）的规定，巴氏杀菌乳产品符合《优质巴氏杀菌乳》（T/TDSTIA 004—2019）的规定，花花牛乳业通过优质乳工程的验收，成为河南省首家通过优质乳工程验收的企业。

河南花花牛乳业集团股份有限公司通过优质乳验收

杨永副总裁在花花牛乳业优质乳工程验收会议上
汇报（2019年6月21日）

河南花花牛乳业集团股份有限公司优质乳生产线

2022年12月16日,河南花花牛乳业集团股份有限公司顺利通过国家奶业科技创新联盟组织的"国家优质乳工程"复评审验收。国家奶业科技创新联盟理事长王加启携专家组参加评审。

河南花花牛乳业集团股份有限公司通过优质乳复评审(2022年12月16日)

国家奶业科技创新联盟理事长王加启参加
花花牛优质乳工程复评审验收会

阮晓琦副总裁携优质乳团队向专家汇报
花花牛优质乳工程开展成果

五、优质乳工程抽检

根据《优质乳工程管理办法》规定,国家奶业科技创新联盟于2020年5月、2020年11月、2021年12月、2022年4月、2022年12月和2023年4月对花花牛乳业开展了抽检工作。

参加抽检的2款优质乳工程产品各项指标符合《优质巴氏杀菌乳》(T/TDSTIA004—2019)的规定:糠氨酸≤12mg/100g蛋白质,乳铁蛋白≥25mg/L,β-乳球蛋白≥2 200mg/L。

六、企业开展的优质乳工程活动

(一)优质乳工程验收新闻发布会

2019年7月22日,花花牛乳业集团在郑州召开优质乳工程验收新闻发布会,国家奶业科技创新联盟理事长王加启、副理事长顾佳升、秘书长张养东博士等出席会议,会上王加启研究员做"振兴奶业的初心与使命"主题报告;同时,理事长王加启与副理事长顾佳升共同为花花牛乳业进行国家优质乳工程授牌。

花花牛乳业通过优质乳工程验收新闻发布会现场
(2019年7月22日)

花花牛乳业优质乳工程授牌仪式
(2019年7月22日)

（二）开展优质乳科普宣传活动

花花牛乳业向社会各界开展了多次优质乳的科普宣传活动，持续引导消费者正确认识优质乳、树立科学的消费理念。

花花牛乳业向小朋友开展优质乳宣传活动

花花牛乳业开展户外科学实践课堂

（三）优质乳推广活动

花花牛乳业在微信平台进行优质乳科普宣传

花花牛乳业家政渠道优质乳 KT 版宣传

花花牛乳业郑州优质乳扫街宣传

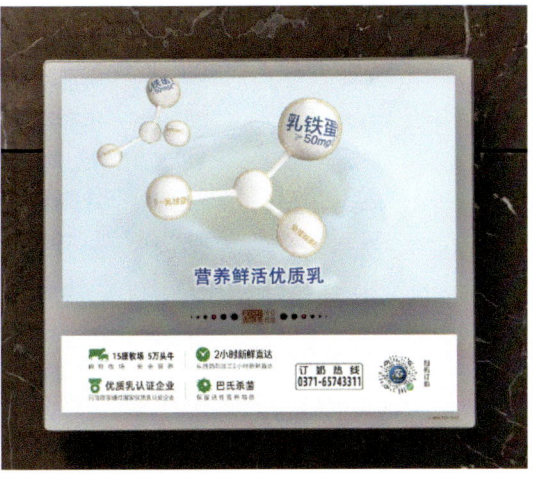

2022 年，花花牛优质乳推广鲜奶文化节及分众楼宇广告展开推广

2022年，鲜奶文化节

王承启
河南省农业农村厅党组成员、副厅长

刘亚清
中国奶业协会副会长兼秘书长

王加启
国家奶业科技创新联盟理事长

冯梓恒
郑州市营养协会会长

郑春雷
河南省奶业协会会长

2022年，鲜奶文化节——领导演讲

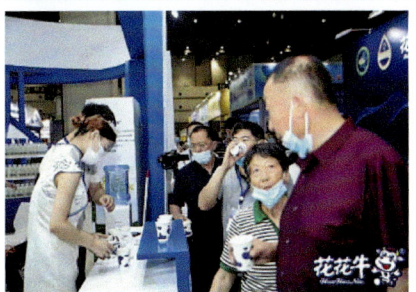

鲜奶文化节产品展示区，现场消费者进行产品试饮

2022年，鲜奶文化节——产品展区

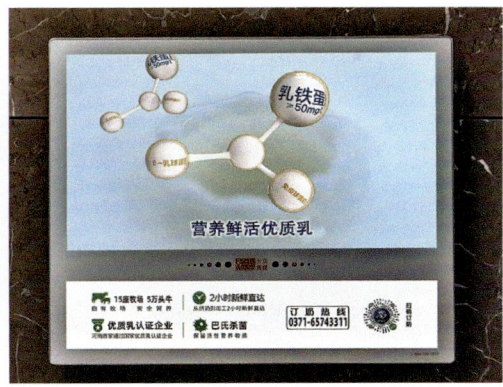

2022年，优质乳楼宇广告

（四）提升检测能力

从 2018 年起花花牛乳业安排人员积极参加农业农村部奶及奶制品质量安全监督检验测试中心（北京）组织的牛奶中糠氨酸、乳果糖、乳铁蛋白、α-乳白蛋白和 β-乳球蛋白等指标检测技术现场培训，具备优质乳产品核心指标的检测能力。

花花牛乳业检测人员进行优质乳产品检测

花花牛乳业化验室与农业农村部奶及奶制品质量安全监督检验测试中心（北京）抽检同批次成品，糠氨酸、乳铁蛋白、β-乳球蛋白等指标检验结果进行比对，偏差在合理范围内。

七、花花牛优质乳科技创新与实践探索

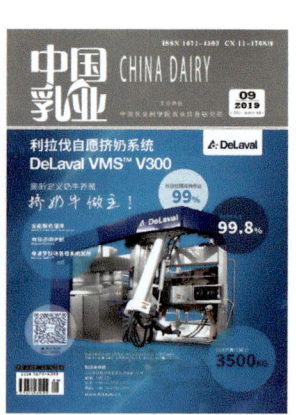

2019 年 5 月验收通过后，花花牛乳业于当年 9 月发表优质乳实践总结回顾论文

基于优质乳的"哑铃型"现代奶业生产结构分析

文/郭利亚[1] 杨永[2] 赵广英[2] 张养东[3]
(1河南科技学院; 2河南花花牛乳业集团; 3中国农业科学院北京畜牧兽医研究所)

摘 要：我国奶业发展机遇和挑战并存，优质乳是现代奶业发展的方向。基于优质乳的理论和实践探索，对实际应用生产中提出的"哑铃型"奶业生产结构进行了细致分析，简要阐述了"哑铃型"结构的特点和内容，总结了为实现"哑铃型"生产结构可采取的措施和建议，深化了优质乳工程在现代奶业发展进程中的重要意义。

关键词：优质乳；哑铃型；奶业；分析
DOI:10.16172/j.cnki.114768.2020.08.004

近年来，我国奶业发展面临着诸多机遇、困境和挑战。在不断发展、总结奶业规模化、集约化、标准化及一体化等奶业发展理念，剖析根源，立足国情，接轨世界，践行产业绿色、健康、可持续发展探索中，2013年，中国农业科学院研究团队首次提出"建设我国实施优质乳工程"，引发多方关注，影响力逐步扩大。截至2020年6月，全国25省51家乳品企业已参与实施优质乳工程，其中福建长富乳品有限公司、重庆市天友乳业股份有限公司、广东燕塘乳业股份有限公司、山东得益乳业股份有限公司、河南花花牛乳业集团股份有限公司（简称"河..."液态奶贸易产生了积极影响。

分析优质乳工程的理论体系，结合优质乳生产的具体实践，特别对河南花花牛在实施优质乳的具体过程中，发现优质乳工程实施条件下的奶业生产模式呈现典型的"哑铃型"结构特点，即两端重、中间轻，清晰地体现出优质乳...

2020年花花牛乳业发表了"优质乳哑铃型结构"论文1篇

2020年花花牛乳业申报了"高品质巴氏杀菌乳产品开发及产业化项目"作为2020年中央引导地方科技发展专项资金项目得到审批公示，项目负责人为王小鹏博士，目前项目还在实施中。

基于牛奶的热处理加工工艺变化比较分析

郭利亚[1]，杜兵耀[2]，赵广英[3]，张养东[3]，张伟[1]，武旭芳[2]，张晓建[1]
1 河南科技学院，河南新乡 453003
2 中国农业科学院北京畜牧兽医研究所，北京 100193
3 河南花花牛乳业集团，河南郑州 450000

摘 要：牛奶核心价值在于保障人类健康的功能。牛奶热处理工艺，是乳制品加工技术中最重要的一个环节。牛奶核心价值的实现需要热处理工艺的匹配，热处理工艺不同，得到的乳制品性质不同。以牛奶为对象，探讨牛奶热处理工艺变化过程，阐述乳蛋白体系的稳定理论，比较热抑菌、巴氏杀菌、高温杀菌、高温灭菌等主要热处理方法，分析巴氏杀菌和高温灭菌热处理工艺二维图，提出基于牛奶核心价值导向的热处理工艺选择原则，以及在该原则下保障安全底线与降低热损伤的"双保障"体系，揭示科学认识、合理应用牛奶热处理工艺的意义，指导实践技术操作，让牛奶健康功能惠及更多消费者，践行和服务健康中国发展战略。

关键词：牛奶；热处理工艺；变化；分析

牛奶主要热处理工艺对比分析

郭利亚[1]，赵广英[2]，武旭芳[3]，张伟[1]，张养东[3]
1 河南科技学院，河南新乡 453003
2 河南花花牛乳业集团，河南郑州 450000
3 中国农业科学院北京畜牧兽医研究所，北京海淀 100193

摘 要：热处理是牛奶热处理加工中的主要技术工艺。本文以牛奶为对象，探讨了主要几类牛奶的热处理工艺变化过程，综述了热处理概念和标准以及国内外通行的巴氏杀菌、高温杀菌、高温灭菌等主要几种液态牛奶热处理方法，从牛奶热处理工艺及其发展角度，分析了牛奶不同热处理工艺中温度、保持时间等关键参数组合效应，简要比较了热处理和非热处理应用和效果的异同，阐释了牛奶热处理工艺的意义，建议提出基于牛奶核心价值的热处理工艺选择。

关键词：牛奶；热处理；巴氏杀菌；高温杀菌；高温灭菌
DOI:10.16172/j.cnki.114768.2021.04.016

2021年花花牛乳业基于优质乳发表了热处理变化和热处理工艺分析论文2篇

2022年花花牛乳业基于优质乳奶源发表了芽孢杆菌危害及热处理影响论文

MODERN FARMING
现代牧业

企 业 名 称： 现代牧业（集团）有限公司

优质乳企业编号： CEMA-N002（蚌埠工厂）

　　　　　　　　　CEMA-N003（塞北工厂）

法 定 代 表 人： 孙玉刚

企 业 地 址： 安徽省马鞍山市博望区丹阳镇

一、企业介绍

现代牧业（集团）有限公司（简称"现代牧业"）2005年在安徽省马鞍山市成立，2010年在香港联交所上市。作为中国奶牛养殖业领军企业，现代牧业依托数智创新构建"从牧草到奶杯"全产业链，以高品质和高标准打造行业标杆，与战略股东蒙牛集团强强联合，实现协同共赢。

现代牧业积极创新、延链强链，开创了万头牧场规模化养殖先河，目前在全国运营规模牧场50个以上，可控牛群数超44万头，日产鲜奶突破7 000吨，市场占有率8%。在做强做优原奶业务的基础上，创新经营模式，形成集草地、饲料、育种、奶肉牛养殖、交易平台、数智云养牛于一体的全产业链生态圈。

现代牧业品质为先、精益求精，用心打造一流的品质与品牌，获评"农业产业化国家重点龙头企业"，成为全国首家连续十年荣获世界食品品质评鉴大会金奖、全国首家通过"优质乳工程——特级乳"成果验收的牧业集团。

现代牧业履责于行、尽显担当，深入推进可持续发展，连续十年发布ESG报告，率先设定行业领先的双碳目标，成功加入联合国全球契约组织（UNGC），大力促进产业链绿

现代牧业蚌埠牧场（全球最大的单体牧场）

色转型,并且在乡村振兴、助学兴教等方面开展常态化帮扶行动,投身公益事业,助推共同富裕。

秉持着"天生要强,与自己较劲"的企业精神,现代牧业制定了"五年领跑计划",立志到 2025 年实现牛、奶双翻番的战略目标。未来,现代牧业将持续挖潜增效,强化数智创新,拓展产业链,打造高质量品牌,实现"做全球牧业引领者"的宏伟愿景,全面助力中国奶业行稳致远。

液态奶生产线

二、优质乳历程

(一)优质乳工程启动

根据《优质乳工程管理办法》的相关规定,现代牧业(集团)有限公司自 2014 年 9 月在国内率先实施优质乳工程优质 UHT 灭菌奶项目。2015 年 6 月 11 日,现代牧业与国家奶业创新团队签署合作协议,率先成为"优质乳工程"试点。2016 年 4 月又启动实施优质巴氏杀菌奶项目。

现代牧业与国家奶业创新团队签署合作协议,率先成为"优质乳工程"试点

(二)优质乳工程验收

2016年10月22日,中国农业科学院奶业创新团队优质乳工程专家组团队顾佳升、王加启、郑楠、张养东、周振峰等一行走访了"奶牛养殖、乳品加工、乳品检验、乳品存放、乳品运输"等现场,听取了现代牧业实施优质乳工程以来的工作总结和技术总结汇报,全面审核了各项技术规范、各项工作记录、各类检验报告,现场检查了相关技术人员的操作,并同现代牧业总裁高丽娜、蚌埠牧场液奶中心主任周世刚等进行了深入的交流和沟通。

最终专家组一致认为,现代牧业管理层、技术层和生产一线都高度重视优质乳工程,对优质乳工程有了全面、系统和深刻的理解,并逐一落实到生产的各个环节。无论是奶源环节,还是加工环节,以及检测环节,都进一步得到规范和提升,符合优质乳工程验收标准,进行优质乳工程试验的巴氏杀菌奶和UHT灭菌奶同时通过"优质乳工程"验收。

现代牧业"优质乳工程"项目验收会

（三）优质乳工程成果报告

截至 2016 年 12 月，现代牧业优质 UHT 灭菌奶投放全国近百个城市共计 17 087 吨（65614080 包），优质乳"2 小时鲜牛奶"共投放全国几十个城市 700 多吨，市场反应良好，深受消费者喜爱。

比较评估研究的结果表明，综合黄曲霉毒素 MI、重金属铅、糠氨酸和乳果糖、乳脂肪、乳蛋白质、β-乳球蛋白和 α-乳白蛋白 8 个方面的品质评价指标实测数值研判，现代牧业优质 UHT 灭菌奶和巴氏杀菌奶的奶源质量安全可靠，加工工艺精准稳定，实现了绿色低碳目标，产品品质的一致性高，变异小，达到了国际前列水平，能为消费者提供名副其实的优质奶产品。

三、优质乳活动

（一）现代牧业成为"国家奶业科技创新联盟"首批联盟理事会成员

2016 年 11 月，由农业部相关部门指导，在国家农业科技创新联盟框架下组建的"国家奶业科技创新联盟"在中国农业科学院召开成立会议，中国农业科学院书记陈萌山、农业部农产品质量安全监督管理局副局长金发忠、农业部奶业畜牧业司副司长王俊勋理事等相关领导，以及联盟理事长王加启主任、中国奶业协会乳制品工业委员会副主任顾佳升等理事会成员围绕"奶业科技创新和优质乳"进行了权威对话，探讨中国乳业发展趋势和方向。现代牧业作为首批联盟理事会成员受邀参加会议并做代表发言。

"国家奶业科技创新联盟"成立，现代牧业成为首批联盟理事会成员

现代牧业喜获国家奶业科技创新联盟授牌，成为副理事长单位

（二）现代牧业四次荣获世界金奖暨中国优质乳成果报告新闻发布会

2017年7月11日上午，现代牧业四次荣获世界金奖暨中国优质乳成果报告新闻发布会在北京召开，中国奶业协会会长、原农业部副部长高鸿宾，农业部奶业管理办公室副主任马莹，国家奶业科技创新联盟理事长王加启，蒙牛集团总裁卢敏放，现代牧业董事长高丽娜等出席发布会，与在场嘉宾和经销商伙伴共同见证了现代牧业牛奶的"纯、真、鲜、活"，以及新品"现代牧业鲜语"的上市启动会。

现代牧业四次荣获世界金奖暨中国优质乳成果报告新闻发布会

（三）现代牧业荣获优质乳工程绿色发展奖

2019年5月5日，第六届"奶牛营养与牛奶质量"国际研讨会闭幕式上，现代牧业荣获"优质乳工程绿色发展奖"，现代牧业总裁助理赵遵阳代表企业领奖。该奖项的取得充分表明，现代牧业在实施优质乳工程过程中的成果得到了国内外专家评委的广泛认可。

现代牧业荣获优质乳工程绿色发展奖

（四）现代牧业发布《现代牧业优质乳工程评价成果白皮书》

2021年7月17日下午，"领鲜金奖八连冠·专注中国优质乳"现代牧业优质乳成果、八连冠金奖发布会暨优质乳工程技术研讨会在合肥圆满举行。会议上隆重发布了《现代牧业优质乳工程评价成果白皮书暨现代牧业优质乳工程评价验收纪实》，正式宣告现代牧业旗下所有牧场全部通过"优质乳工程"认证，成为全国首家通过"优质乳工程——特级乳"评价验收的集团化牧场企业。

《现代牧业优质乳工程评价成果白皮书暨现代牧业优质乳工程评价验收纪实》正式发布　　现代牧业被评为"优质乳工程标杆牧场"

（五）2022年现代牧业优质乳工程项目成果发布

2022年，现代牧业旗下所有牧场均顺利通过"优质乳工程——特级乳"成果验收，标志着现代牧业所有规模化牧场生产的原奶均为经优质乳工程验收的优质奶源，现代牧业荣耀成为全国首家通过优质乳工程——特级乳"成果验收的牧业集团。

2022年现代牧业优质乳工程项目成果发布

内蒙古富源牧业（塞罕）有限责任公司被评为"优质乳工程标杆牧场"

（六）现代牧业斩获优质乳工程两项大奖，助力国民营养计划

2022年11月25日，第七届"奶牛营养与牛奶质量"国际研讨会上，现代牧业凭借成熟的规模化养殖模式及高品质原奶荣膺"优质乳工程助力国民营养计划功臣企业奖"，总裁孙玉刚荣获"优质乳工程助力国民营养计划功臣奖"。

现代牧业荣获"优质乳工程助力国民营养计划功臣企业奖"

现代牧业总裁孙玉刚荣获"优质乳工程助力国民营养计划功臣奖"

（七）宣传科普优质乳

现代牧业从 2017 年起，利用官方微信平台、企业号等新媒体平台对优质乳开展了科普宣传活动，引导消费者正确消费优质乳。

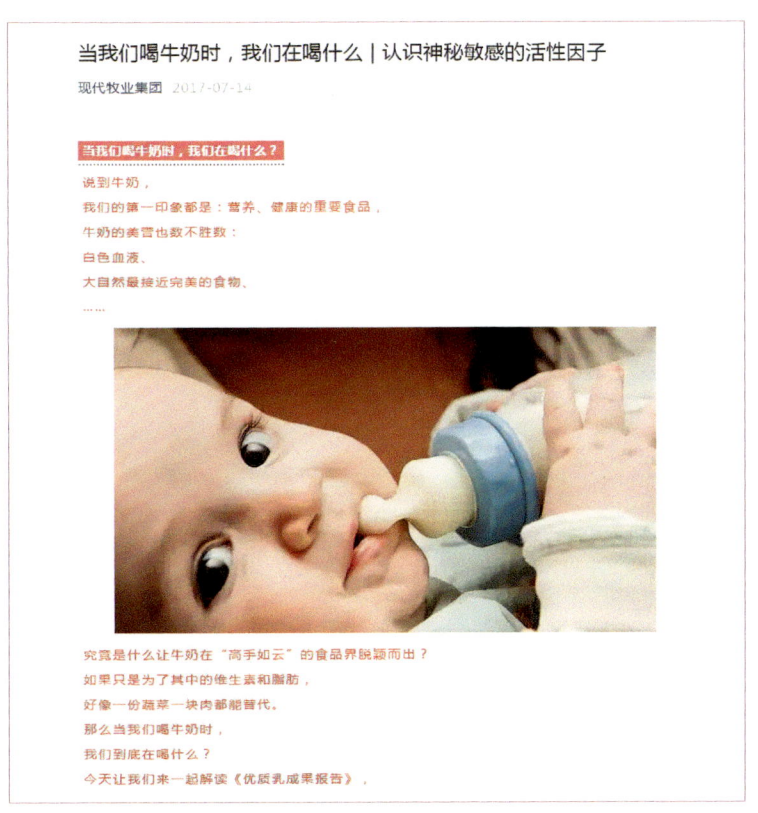

利用官方微信平台、企业号等新媒体平台宣传科普优质乳

四、产品介绍

（一）现代牧业常温纯牛奶

现代牧业常温纯牛奶，采用现代牧业自有规模化牧场的高品质原奶加工而成，不添加任何防腐剂，采用 UHT 超高温瞬时灭菌方式，彻底灭菌，保证优良品质。全自动牛奶生产线建在挤奶大厅一侧，保证从挤奶到加工 2 小时内完成，保存牛奶的新鲜度及香醇口感，常温下保质期可达 6 个月。

现代牧业常温纯牛奶

（二）现代牧业 2 小时鲜奶

2 小时鲜成，越活越营养。现代牧业 2 小时鲜奶，源自自有牧场与工厂零距离一体化模式，从挤奶到成品 2 小时完成，充分保存牛奶中免疫活性物质，被业界誉为牛奶的黄金 2 小时。

现代牧业 2 小时鲜奶

现代牧业常温纯牛奶生产线

现代牧业 2 小时鲜奶生产线

企 业 名 称：广东温氏乳业股份有限公司

优质乳企业编号：CEMA-N030

法 定 代 表 人：戚晓鸿

企 业 地 址：广东省肇庆市高新技术产业开发区亚铝大街东 12 号

一、企业介绍

广东温氏乳业股份有限公司（简称"温氏乳业"）成立于 2014 年。公司业务始创于 2000 年，涵盖奶牛养殖、乳品研发加工、市场营销等领域，形成从牧场到餐桌、三产高度融合的全产业链发展格局。

广东温氏乳业有限公司优质乳牧场

广东温氏乳业有限公司优质乳工厂

二、优质乳工程产品介绍

温氏乳业共有 1 款巴氏杀菌产品通过国家优质乳工程验收。温氏优质乳产品对应 1 家供应优质奶源牧场和 1 条巴氏杀菌生产线,优质乳产品生产线为"巴氏杀菌生产线,加工工艺 78℃/15s。

温氏优质乳生产线名称及编号

序号	企业名称	优质乳生产线名称	加工工艺	生产线编号
1	广东温氏乳业股份有限公司	巴氏杀菌生产线	78℃/15s	CEMA-N030PL01

温氏优质乳产品名称及编号

序号	企业名称	产品名称	优质乳产品编号
1	广东温氏乳业股份有限公司	温氏牧场鲜牛奶 950mL PET 瓶	CEMA-N03002PM

优质乳产品名称	温氏牧场鲜牛奶 950mL PET 瓶
优质乳产品编号	CEMA-N03002PM
验收时间	2021 年 01 月 06 日
第一次抽检时间	2021 年 01 月 06 日
第二次抽检时间	2021 年 09 月 18 日
第三次抽检时间	2022 年 06 月 29 日
第四次抽检时间	2022 年 11 月 23 日
第五次抽检时间	2023 年 04 月 02 日
第六次抽检时间	2023 年 08 月 06 日

所有指标均符合《优质巴氏杀菌乳》标准

三、优质乳工程启动

2018年7月,温氏乳业向国家奶业科技创新联盟递交申请材料申请实施优质乳工程。2019年5月14日,国家奶业科技创新联盟专家莅临现场指导,并召开了会议座谈,会上专家了解温氏乳业的发展情况,并对优质乳工程的开展进行了技术指导,宣布温氏乳业优质乳工程正式启动。

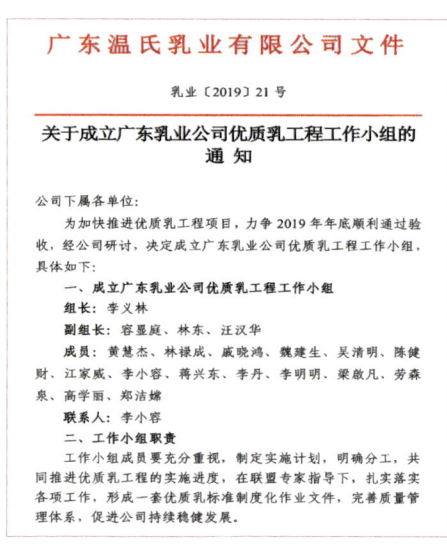

温氏乳业关于成立优质乳工作小组的通知

广东温氏乳业有限公司优质乳工程启动仪式
(2019年5月14日)

四、优质乳工程验收

根据《优质乳工程管理办法》规定,国家奶业科技创新联盟2019年12月—2020年1月开展验证和验收工作,包括产品奶源、加工前奶源的投料罐和每种优质乳产品的验证;优质乳产品生产线的保留时间和保持温度的验证;优质乳产品储藏、运输和销售终端冷链温度的验证;牧场奶源生产管理情况、加工厂工艺参数控制、产品质量控制情况的现场查看和记录验证等。

受新冠疫情影响,联盟创新评审形式,现场评审方式改为线上线下结合的模式。2020年6月14日上午,在温氏乳业会议室召开了温氏乳业优质巴氏杀菌乳工程现场验收会议,会议由国家奶业科技创新联盟秘书长张养东主持,国家奶业科技创新联盟理事长王加启、副理事长顾佳升以线上视频形式参加，广东省本地验收专家以及温氏乳业优质乳项目小组成员参加了现场会议。经过验收汇报、宣读第三方检测机构验证结果、审阅生产原始记录等环节，形成了专家组意见，张养东秘书长宣读了验收决议，温氏乳业顺利通过国家优质乳工程验收。

广东温氏乳业有限公司优质乳工程验收会（2020年6月14日）

广东温氏乳业有限公司优质乳生产线

五、优质乳工程抽检

根据《优质乳工程管理办法》规定，国家奶业科技创新联盟于2021年1月、2021年9月、2022年6月、2022年11月、2023年4月和2023年8月对温氏乳业开展了抽检工作。

参加抽检的1款优质乳工程产品各项指标符合《优质巴氏杀菌乳》（T/TDSTIA 004—2019）的规定：糠氨酸≤12mg/100g蛋白质，乳铁蛋白≥25mg/L，β-乳球蛋白≥2 200mg/L。

六、企业开展的优质乳工程活动

（一）举办新时代南方奶业创新发展论坛

2019年7月9日，由广东省奶业协会、国家奶业科技创新联盟支持与指导，温氏乳业主办的"创新发展共赢未来——新时代南方奶业创新发展论坛"在广东省新兴县隆重举办。论坛上，国家奶业科技创新联盟副理事长顾佳升作了《做优做强民族乳业——从奶汁的"钙"含量说起》主题分享。

温氏乳业主办的"创新发展共赢未来——新时代南方奶业创新发展论坛"（2019年7月9日）

国家奶业科技创新联盟副理事长顾佳升作报告（2019年7月9日）

（二）提升检测能力

温氏乳业检测人员取得乳铁蛋白培训合格证书

2019年10月23—30日，温氏乳业派出化验员2名到农业农村部奶及奶制品质量监督检验测试中心（北京）参加2019年组织的奶产品中糠氨酸和乳铁蛋白等检测技术培训班，具备优质乳产品核心指标的检测能力。

（三）优质乳工程宣传

2019年8月，温氏乳业总经理李义林接受《乳业时报》记者采访，提出"深耕优质乳，细作好鲜奶"，温氏乳业将以优质乳工程验收为契机，不断改进和完善牧场管理、加工工艺、冷链物流等工作，更好地构建优质的全产业链管理体系，为合作乳企提供更加优质的原奶、为国人提供更加优质的乳品，更好地促进南方奶业的发展振兴。

（四）温氏获评为"优质乳工程助力健康中国先进企业"

2021年4月18日，由国家奶业科技创新联盟举办的2021年国家奶业科技创新联盟工作会议在北京隆重召开。广东温氏乳业股份有限公司在该次会上被授予"优质乳工程助力健康中国先进企业"，公司董事长李义林荣获"奶业优质发展突出贡献奖"。

温氏乳业被授予
"优质乳工程助力健康中国先进企业"

公司董事长李义林荣获
"奶业优质发展突出贡献奖"

（五）温氏乳业获得"优质乳工程助力健康中国先进企业"多项荣誉

2022年11月25日，由中国农业科学院北京畜牧兽医研究所、农业农村部食物与营养发展研究所、中国奶业协会、美国奶业科学学会（ADSA）、新西兰初级产业部（MPI）和丹麦兽医与食品管理局（DVFA）主办、福建长富乳品有限公司承办的第七届"奶牛营养与牛奶质量"国际研讨会在新华网直播召开。会议对优质乳工程实施中表现突出的企业与个人进行了表彰，温氏乳业获"优质乳工程助力国民营养计划功臣企业奖"，"温氏牧场"鲜牛奶产品获得2022年度优质巴氏杀菌乳品鉴活动"品质匠心金奖"，公司总经理戚晓鸿获得"优质乳工程助力国民营养计划功臣奖"。

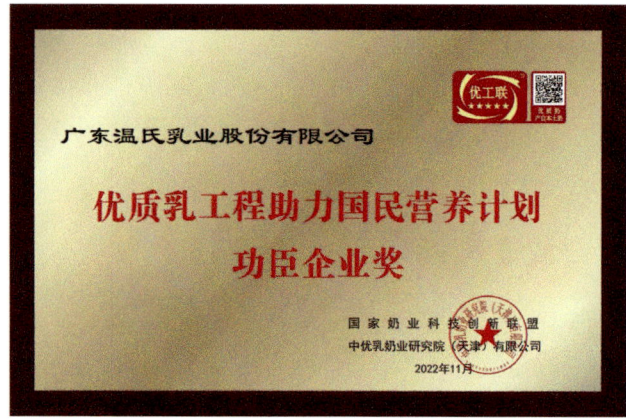

温氏乳业荣获
"优质乳工程助力国民营养计划功臣企业奖"

温氏乳业荣获
"品质匠心金奖"

公司总经理荣获
"优质乳工程助力国民营养计划功臣奖"

企 业 名 称：扬州市扬大康源乳业有限公司

优质乳企业编号：CEMA-N031

法定代表人：郑 云

企 业 地 址：扬州市广陵区鼎兴路 88 号

一、企业介绍

扬州市扬大康源乳业有限公司（以下简称"扬大康源乳业"）是扬州大学实验农牧场于2009年注册成立的国有全资公司，作为高新技术企业及省级农业产业化重点龙头企业，日加工乳制品能力为150吨。

扬州市扬大康源乳业有限公司优质示范牧场——高邮生态智慧牧场

扬州市扬大康源乳业有限公司乳品加工厂——江苏扬州

二、优质乳工程产品介绍

扬大康源乳业共有 1 款巴氏杀菌产品通过国家优质乳工程验收。扬大康源优质乳产品对应 1 家供应优质奶源牧场和 1 条巴氏杀菌生产线。优质乳产品生产线为"巴氏杀菌生产线,加工工艺 75℃/15s"。

扬大康源优质乳生产线名称及编号

序号	企业名称	优质乳生产线名称	加工工艺	生产线编号
1	扬州市扬大康源乳业有限公司	巴氏杀菌生产线	75℃/15s	CEMA-N031PL01

扬大康源乳业优质乳产品名称及编号

序号	企业名称	产品名称	优质乳产品编号
1	扬州市扬大康源乳业有限公司	扬大鲜屋鲜牛奶 500mL 屋顶盒	CEMA-N03101PM

优质乳产品名称 扬大鲜屋鲜牛奶 500mL 屋顶盒
优质乳产品编号 CEMA-N03101PM
验 收 时 间 2021 年 05 月 20 日
第一次复评审时间 2023 年 05 月 12 日
第一次抽检时间 2022 年 04 月 15 日
第二次抽检时间 2022 年 09 月 22 日
第三次抽检时间 2023 年 03 月 31 日
所有指标均符合《优质巴氏杀菌乳》标准

三、优质乳工程复评申请

2023 年 2 月，扬大康源乳业向国家奶业科技创新联盟提交申请优质乳工程抽检与复评审工作确认函及相关材料，申请优质乳工程复评审。经过专家的调研与技术指导，扬大康源乳业于 2023 年 3 月全面启动优质乳工程复评工作。

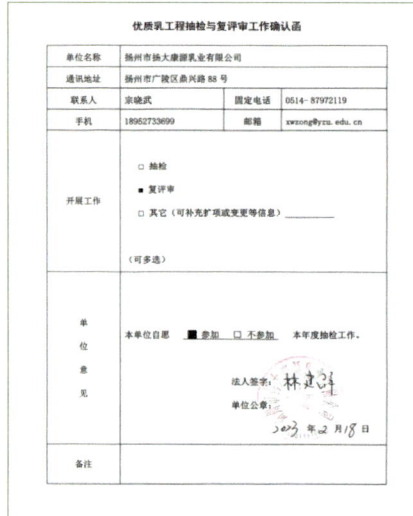

扬大康源乳业优质乳工程复评审
申请材料

国家奶业科技创新联盟副秘书长张养东在
扬大康源乳业调研指导

四、优质乳工程复评审验收

根据《优质乳工程管理办法》规定，国家奶业科技创新联盟分别于 2023 年 3 月和 2023 年 5 月对扬大康源乳业开展了工艺验证和复评现场验收，包括产品奶源、加工前奶源的投料罐和每种优质乳产品的验证；优质乳产品生产线的保留时间和保持温度的验证；优质乳产品储藏、运输和销售终端冷链温度的验证；牧场奶源生产管理情况、加工厂工艺参数控制、产品质量控制情况的现场查看和记录验证等。

2023 年 5 月 12 日，国家奶业科技创新联盟组织专家听取企业汇报，抽查相关生产记录，其奶源符合《生乳用途分级技术规范》(T/TDSTIA 001) 的规定，工艺符合《优质巴氏杀菌乳加工工艺技术规范》(T/TDSTIA 011) 的规定，巴氏杀菌乳产品符合《优质巴氏杀菌乳》(T/TDSTIA 004) 的规定，张养东秘书长代表国家奶业科技创新联盟宣布扬大康源乳业通过优质乳工程的该次复评审验收。

扬大康源乳业优质乳工程复评审会议汇报
（2023年5月12日）

扬州市扬大康源乳业有限公司优质乳生产线

扬州市扬大康源乳业有限公司复评审结果（2023年5月12日）

五、企业开展的优质乳工程活动

（一）优质乳工程验收新闻发布会

2023年5月20日，扬州市扬大康源乳业有限公司在扬州召开优质乳工程验收新闻发布会，农业农村部畜牧兽医局奶业处副处长孙永健，中国奶业协会副秘书长周振峰，国家奶业科技创新联盟秘书长张养东，江苏省农业农村厅总畜牧兽医师袁日进，扬州大学党委常委、副校长赵文明，江苏省畜牧业协会秘书长、二级研究员朱满兴，江苏省畜牧总站副站长、二级研究员贡玉清，江苏省农业农村厅畜牧业处二级调研员孙宏进，江苏省农业科学院组织部部长、人事处处长王冉等领导、专家参加会议，会上张养东秘书长做"优质乳工程新成果"主题报告；同时，中国奶业协会周振峰副秘书长向扬大康源乳业授予优质乳工程示范牧场与优质乳工程示范加工厂铜牌。

扬大康源乳业通过复评审验收新闻发布会现场
（2023年5月20日）

扬大康源乳业优质乳工程授牌仪式
（2023年5月20日）

（二）开展优质乳科普宣传活动

扬大康源乳业向社会各界开展了多次优质乳的科普宣传活动，持续引导消费者正确认识优质乳、树立科学的消费理念。

扬大康源乳业开展优质乳宣传看板

扬大康源乳业开展学生科学实践课堂

（三）优质乳推广活动

2020年起，扬大康源乳业多次联合扬州广播电台拍摄制作扬大优质乳巴氏鲜牛奶宣传片，通过线上、线下等多种方式进行了优质乳巴氏鲜牛奶宣传，推动优质乳科普宣传活动。

扬大康源乳业在微信平台进行优质乳科普宣传

（四）提升检测能力

从2020年起扬大康源乳业安排人员积极参加农业农村部奶及奶制品质量安全监督检验测试中心（北京）组织的牛奶中糠氨酸、乳果糖、乳铁蛋白、α-乳白蛋白和β-乳球蛋白等指标检测技术现场培训，具备优质乳产品核心指标的检测能力。

扬大康源乳业检测人员进行优质乳产品检测

企 业 名 称：兰州庄园牧场股份有限公司

优质乳企业编号：CEMA-N032

法 定 代 表 人：姚革显

企 业 地 址：甘肃省兰州市榆中县城关镇三角城村三角城社 398 号

一、企业介绍

兰州庄园牧场股份有限公司（以下简称"庄园牧场"）成立于2000年4月，是集奶牛养殖、技术研发、乳品加工、销售为一体的专业化乳制品生产制造企业。公司自有优质乳生产奶源，保证高蛋白质、脂肪等牛奶基础营养，奶源新鲜。公司"日加工600吨液体奶改扩建项目"已通过兰州市企业"智能工厂"评审认定，通过甘肃省工业和信息化厅审核，入选"甘肃省第一批数字化车间"。新建车间的空气洁净度标准提升至万级水平，达到GMP（药品生产质量管理规范）认证水平，为产品质量控制提供良好的环境保障。该项目的检测能力、效率已达到行业领先水平，为公司产品质量提供了强有力的技术保障。

庄园牧场优质乳工程示范工厂

庄园牧场优质乳示范牧场——瑞园牧场

二、优质乳工程奶源牧场与产品介绍

庄园牧场共有 1 款巴氏杀菌奶产品通过国家优质乳工程验收。庄园牧场优质乳产品对应 4 家供应优质奶源牧场和 1 条巴氏杀菌生产线，优质乳产品生产线为"PAST-6-11-T 巴氏杀菌生产线，加工工艺 75℃/15s"，较大程度地保留了牛奶中乳铁蛋白和 β-乳球蛋白等活性营养物质。

庄园牧场优质奶源牧场名称及编号

序号	企业名称	优质奶源牧场名称	生产线编号
1	兰州庄园牧场股份有限公司	临夏县瑞园牧场有限公司	CEMA-N032DF001
2		武威瑞达牧场有限公司	CEMA-N032DF002
3		兰州瑞兴牧业有限公司	CEMA-N032DF003
4		甘肃瑞嘉牧业有限公司	CEMA-N032DF004

庄园牧场优质乳生产线名称及编号

序号	企业名称	优质乳生产线名称	加工工艺	生产线编号
1	兰州庄园牧场股份有限公司	PAST-6-11-T 巴氏杀菌生产线	75℃/15s	CEMA-N032PL01

庄园牧场优质乳产品名称及编号

序号	企业名称	产品名称	优质乳产品编号
1	兰州庄园牧场股份有限公司	庄园牧场 75℃鲜巴氏鲜牛奶 500mL 屋顶盒	CEMA-N03202PM

优质乳产品名称 庄园牧场 75℃鲜巴氏鲜牛奶 500mL 屋顶盒
优质乳产品编号 CEMA-N03202PM
验 收 时 间 2021 年 06 月 28 日
第一次抽检时间 2022 年 03 月 16 日
第二次抽检时间 2022 年 09 月 05 日
第三次抽检时间 2023 年 05 月 12 日
所有指标均符合《优质巴氏杀菌乳》标准

三、优质乳工程启动

2020年6月，庄园牧场向国家奶业科技创新联盟提交申请表和企业生产情况调查表等材料，申请实施优质乳工程。经过专家的现场调研与技术指导，庄园牧场于2020年8月全面启动实施优质乳工程。

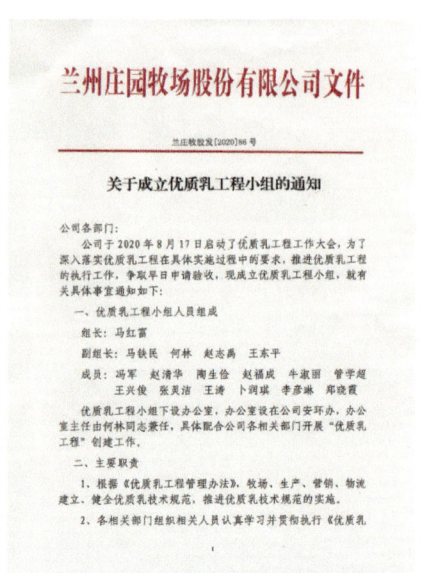

庄园牧场关于成立优质乳工程小组的通知

庄园牧场优质乳工程启动会议
（2020年8月17日）

国家奶业科技创新联盟理事长王加启、
秘书长张养东参加庄园牧场优质乳工程启动仪式
（2020年8月17日）

四、优质乳工程验收

根据《国家优质乳工程管理办法》规定，奶业联盟委托第三方检测机构与行业专家于2021年6月对庄园牧场加工厂、奶源牧场开展了现场验证和验收。现场验证内容包括：产品的奶源（牧场）、加工前的投料罐原料奶和申请优质乳工程验收的每种巴氏奶产品验证，生产优质乳产品生产线的保留时间和保持温度的验证，优质乳产品储藏、运输和销售终端冷链温度的验证，牧场奶源生产管理情况、加工厂工艺参数控制、产品质量控制情况的现场查看和记录验证等。

2021年6月27日，国家奶业科技创新联盟组织专家听取庄园牧场优质乳工程实施进展汇报、现场查阅企业验收资料，专家讨论后宣布其奶源、加工工艺和产品符合《国家优质乳工程管理办法》验收标准，并形成庄园牧场通过优质乳工程验收决议。庄园牧场通过优质乳工程验收，成为甘肃首家通过验收的企业。

庄园牧场总经理助理马铁民在优质乳工程评审验收会议上汇报（2021年6月27日）

评审专家组在庄园牧场优质乳工程验收会议上听取企业汇报（2021年6月27日）

庄园牧场通过国家优质乳工程评审验收（2021年6月27日）

庄园牧场牧场国家优质乳工程通过验收新闻发布会现场图1（2021年6月30日）

庄园牧场牧场国家优质乳工程通过验收新闻发布会现场图2（2021年6月30日）

庄园牧场优质乳生产线

五、优质乳工程抽检

根据《国家优质乳工程管理办法》规定，国家奶业科技创新联盟委托第三方检测机构分别于 2022 年 3 月、2022 年 9 月和 2023 年 5 月对庄园牧场通过优质乳工程验收的巴氏奶产品及其奶源开展抽检工作。

庄园牧场通过优质乳工程验收的全部巴氏奶产品参加联盟组织的历次抽检，各项指标检测结果均符合《优质巴氏杀菌乳》（T/TDSTIA 004—2019）的规定：糠氨酸 ≤ 12mg/100g 蛋白质，乳铁蛋白 ≥ 25mg/L，β-乳球蛋白 ≥ 2 200mg/L。

六、企业开展的优质乳工程活动

（一）举办首届中国高原牧场鲜奶峰会

2020 年 8 月 17 日，由国家奶业科技创新联盟主办，庄园牧场承办的"首届中国高原牧场鲜奶峰会"在甘肃兰州召开。奶业联盟理事长王加启出席了本届论坛并作主题报告。

首届中国高原牧场鲜奶峰会论坛（2020 年 8 月 17 日）

（二）兰州庄园优质乳工程调研

2020年11月17日，国家奶业科技创新联盟王加启理事长、张养东秘书长等一行4人到兰州庄园牧场股份有限公司调研，针对庄园牧场的优质乳工程实施进展情况进行了深入沟通交流，庄园牧场董事长马红富等出席了本次调研座谈会。

国家奶业科技创新联盟理事长王加启和秘书长张养东在庄园牧场调研座谈（2020年11月17日）

（三）庄园牧场优质乳工程示范工厂和示范牧场

2021年6月30日，国家奶业科技创新联盟秘书长张养东出席了庄园牧场通过国家优质乳工程验收新闻发布会，并对庄园牧场进行了优质乳工程示范工厂授牌。

2021年6月26日，庄园牧场通过国家奶业科技创新联盟优质乳工程评审验收；庄园牧场加工厂和牧场分别被评选为"优质乳工程示范工厂"和"优质乳工程示范牧场"。

庄园牧场"优质乳工程示范工厂"授牌仪式（2021年6月30日）

庄园牧场加工厂被评选为"优质乳工程示范工厂"

庄园牧场奶源牧场瑞园牧业被评选为"优质乳工程示范牧场"

庄园牧场奶源牧场瑞嘉牧业被评选为"优质乳工程示范牧场"

庄园牧场奶源牧场瑞兴牧业被评选为"优质乳工程示范牧场"

庄园牧场奶源牧场瑞达牧业被评选为"优质乳工程示范牧场"

（四）提升检测能力

庄园牧场从 2020 年起，积极安排人员参加农业农村部奶及奶制品质量安全监督检验测试中心（北京）组织的牛奶中糠氨酸、乳果糖、乳铁蛋白、α-乳白蛋白和 β-乳球蛋白等指标检测技术现场培训，庄园牧场实验室具备独立完成优质乳产品核心指标的检测能力。

庄园牧场实验室检测人员进行优质乳产品相关指标检测

（五）宣传优质乳工程活动情况

庄园牧场牧场针对小朋友及家长开展了多次优质乳工程科普宣传活动，引导消费者正确认识优质乳。

庄园牧场优质乳工程科普宣传活动

庄园牧场自2020年起,向社会各界开展了多次优质乳工程的科普宣传活动。开展的优质乳工程公益宣传进社区活动100多场,范围涉及兰州市4个城区60个社区的100多个小区,持续引导消费者正确认识优质乳,树立科学的消费理念。

优质乳工程公益宣传进社区活动开幕式　　　　　优质乳工程公益宣传进社区活动启动仪式

优质乳工程公益宣传进社区活动宣传海报

2021年起,庄园牧场针对通过优质乳工程验收巴氏鲜牛奶产品开展了丰富多样的宣传推广活动,进行全方位、立体化多种形式的优质乳工程宣传。

庄园牧场75℃巴氏鲜奶介绍短片宣传

庄园牧场 75℃巴氏鲜奶科普 MG 动画宣传

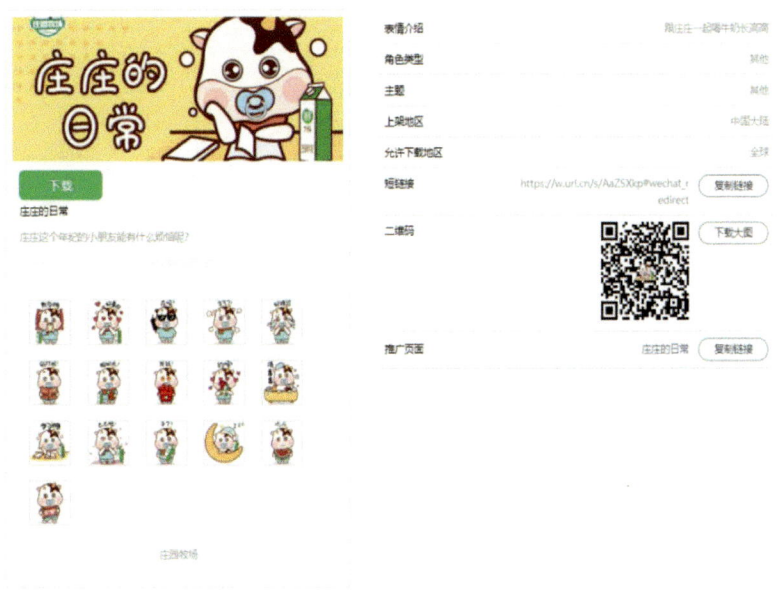

庄园牧场 75℃巴氏鲜奶微信表情包"庄庄的日常"推广宣传

企 业 名 称：贵州好一多乳业股份有限公司

优质乳企业编号：CEMA-N033

法 定 代 表 人：张 琴

企 业 地 址：贵州省贵阳市修文县扎佐镇好一多路1号

一、企业介绍

贵州好一多乳业股份有限公司（以下简称"好一多乳业"）是国家级农业产业化重点龙头企业，创建于 2001 年，致力于从"领鲜每一天"到"领先每一天"的中国好鲜奶事业，是一家专注于奶牛饲养、饲草种植加工、优质乳制品研发生产及销售的全产业链企业，构建了从牧场到市场 24 小时新鲜订制、全程冷链的核心竞争力，鲜奶产品每天直供中国天眼科学家，并以"新鲜订"数字化平台积极探索新业态，引领贵州乳业高质量发展。目前总资产 5 亿元，年销售额 3.5 亿元，员工 340 人。

贵州好一多乳业股份有限公司加工基地

贵州好一多乳业股份有限公司示范工厂——贵之鲜牧业有限公司谷堡基地

贵州好一多乳业股份有限公司示范工厂——贵之鲜牧业有限公司六桶基地

二、优质乳工程产品介绍

贵州好一多乳业共有 2 款巴氏杀菌产品通过国家优质乳工程验收。好一多优质乳产品对应 1 家供应优质奶源牧场和 1 条巴氏杀菌生产线。优质乳产品生产线为"巴氏杀菌生产线，加工工艺 75℃ /15s"。

好一多优质乳生产线名称及编号

序号	企业名称	优质乳生产线名称	加工工艺	生产线编号
1	贵州好一多乳业股份有限公司	巴氏杀菌生产线	75℃ /15s	CEMA-N033PL01

优质乳产品名称及编号

序号	企业名称	产品名称	优质乳产品编号
1	贵州好一多乳业股份有限公司	好1多贵之鲜纯鲜奶 200mL 屋顶盒	CEMA-N03301PM
2		好1多天然纯鲜奶 200mL 屋顶盒	CEMA-N03302PM

优质乳产品名称　好1多贵之鲜纯鲜奶 200mL 屋顶盒
优质乳产品编号　CEMA-N03301PM
验　收　时　间　2021 年 07 月 15 日
第一次抽检时间　2022 年 05 月 06 日
第二次抽检时间　2022 年 08 月 16 日
第三次抽检时间　2023 年 04 月 05 日
所有指标均符合《优质巴氏杀菌乳》标准

优质乳产品名称　好1多天然纯鲜奶 200mL 屋顶盒
优质乳产品编号　CEMA-N03302PM
验　收　时　间　2021 年 07 月 15 日
第一次抽检时间　2022 年 05 月 06 日
第二次抽检时间　2022 年 08 月 16 日
第三次抽检时间　2023 年 04 月 05 日
所有指标均符合《优质巴氏杀菌乳》标准

三、优质乳工程启动

2016年11月19日国家奶业科技创新联盟成立，贵州好一多乳业加入联盟，成为第一批联盟成员。2018年10月13日国家奶业科技创新联盟专家组考察好一多乳业，联盟理事长王加启代表专家组介绍优质乳工程及此行考察的情况，专家评估后宣布好一多乳业符合创建优质乳工程的条件。

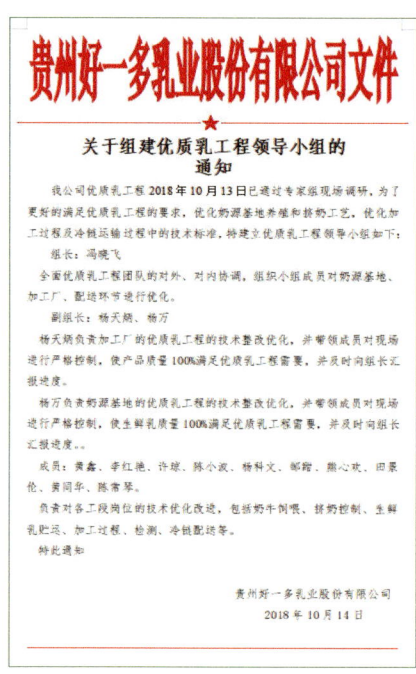

好一多乳业股份有限公司优质乳工程领导小组成立

四、优质乳工程验收

根据《优质乳工程管理办法》规定，国家奶业科技创新联盟于2021年5月对好一多乳业开展了验证和现场验收，包括产品奶源、加工前奶源的投料罐和每种优质乳产品的验证；优质乳产品生产线的保留时间和保持温度的验证；优质乳产品储藏、运输和销售终端冷链温度的验证；牧场奶源生产管理情况、加工厂工艺参数控制、产品质量控制情况的现场查看和记录验证等。

2021年7月15日，国家奶业科技创新联盟组织专家听取企业汇报，宣布其奶源符合《生乳用途分级技术规范》（T/TDSTIA 001—2019）的规定，工艺符合《优质巴氏杀菌乳加工工艺技术规范》（T/TDSTIA 011—2019）的规定，巴氏杀菌乳产品符合《优质巴氏杀菌乳》（T/TDSTIA 004—2019）的规定，好一多乳业通过优质乳工程的验收，成为贵州省首家通过优质乳工程验收的企业。

贵州好一多乳业股份有限公司通过优质乳工程验收

贵州好一多乳业股份有限公司优质乳生产线

五、企业开展的优质乳工程活动

（一）优质乳工程验收新闻发布会

2021年7月16日，贵州好一多乳业股份有限公司在贵阳召开优质乳工程验收新闻发布会，中国农业科学院科技管理局庄严处长、中国乳制品工业协会吴秋林理事长、国家奶业科技创新联盟理事长王加启等出席会议，会上王加启理事长做"优质奶产自本土奶"主题报告；同时，庄严处长与理事长王加启共同为好一多乳业进行国家优质乳工程授牌。

贵州好一多乳业通过验收新闻发布会现场
（2021年7月16日）

国家奶业科技创新联盟理事长王加启
在好一多乳业验收发布会上作报告

贵州好一多乳业优质乳工程授牌仪式（2021年7月16日）

（二）开展优质乳科普宣传活动

贵州好一多乳业股份有限公司定期举行"周末游"活动，多次进行优质乳的科普宣传活动，持续引导消费者正确认识优质乳、树立科学的消费理念。

好一多乳业在"周末游"活动中进行优质乳科普宣传1

好一多乳业在"周末游"活动中进行优质乳科普宣传 2

（三）优质乳推广活动

2018年起，贵州好一多在百姓关注、公司官网、好一多公众号等线上、线下平台进行了优质乳巴氏鲜牛奶传播推广等多种形式的优质乳科普宣传活动。

贵州 2 频道百姓关注播放优质乳科普宣传短片

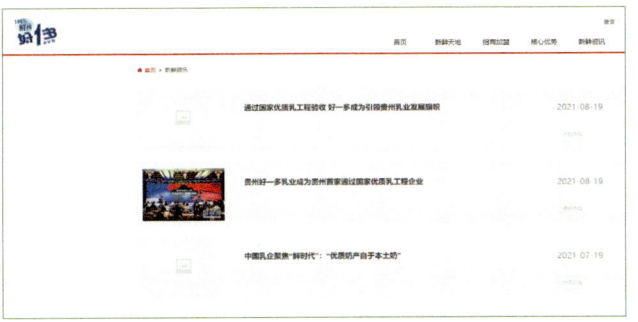

好一多乳业官网进行优质乳科普宣传　　好一多乳业公众号进行优质乳科普宣传

好一多乳业线下方式进行优质乳宣传　　好一多乳业与天眼科学家签订供奶协议

（四）提升检测能力

从 2018 年起贵州好一多乳业新增牛奶中糠氨酸、乳果糖、乳铁蛋白、α-乳白蛋白、β-乳球蛋白、碱性磷酸酶、过氧化物酶等检测指标，并对每批次优质乳产品进行严格检验。

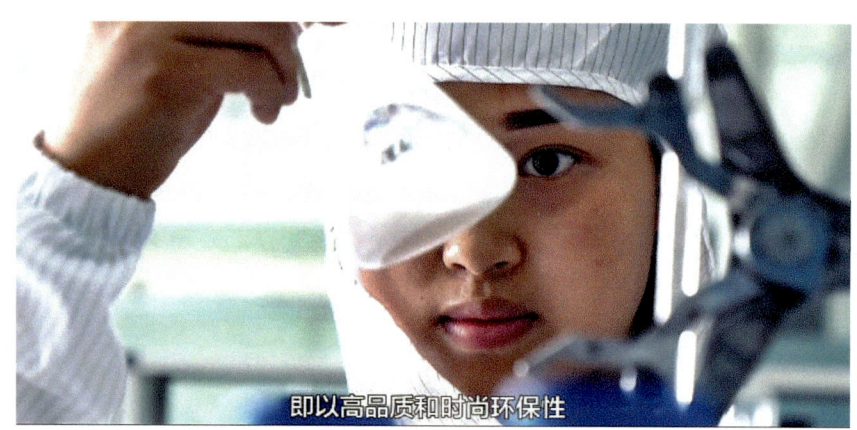

贵州好一多乳业检测人员进行优质乳产品检测

企 业 名 称： 湛江燕塘乳业有限公司

优质乳企业编号： CEMA-N034

法 定 代 表 人： 邱　广

企 业 地 址： 湛江市麻章区金园路 17 号

一、企业介绍

湛江燕塘乳业有限公司（以下简称"湛江燕塘乳业"）成立于2004年4月6日，于2007年6月5日正式投产。公司位于湛江市麻章区金园路17号，占地面积约54亩。经过股权分置改革，于2011年11月9日成为广东燕塘乳业股份有限公司的全资子公司，注册资本为5 600万元。湛江燕塘是一家集奶牛养殖与乳品加工、运输、销售于一体的企业，技术力量雄厚，经过多次技改，目前日加工牛乳能力接近200吨。公司产品种类齐全，有鲜牛奶、纯牛奶、酸牛奶、学生奶、花式牛奶、乳酸菌饮料等多个品种。

湛江燕塘乳品加工厂

湛江燕塘澳新牧场

二、优质乳工程产品介绍

湛江燕塘乳业共有 1 款巴氏杀菌产品通过国家优质乳工程验收。优质乳产品对应 1 家供应优质奶源牧场和 1 条巴氏杀菌生产线。优质乳产品生产线为"巴氏杀菌生产线,加工工艺 78℃/16s"。

湛江燕塘乳业优质乳生产线及产品

序号	企业名称	优质乳生产线名称	加工工艺	生产线编号
1	湛江燕塘乳业有限公司	巴氏杀菌生产线	78℃/16s	CEMA-N034PL01

湛江燕塘乳业优质乳产品名称及编号

序号	企业名称	产品名称	优质乳产品编号
1	湛江燕塘乳业有限公司	燕塘鲜牛奶 180mL 屋顶盒	CEMA-N03401PM

湛江燕塘乳业有限公司优质乳生产线

优质乳产品名称	燕塘鲜牛奶 180mL 屋顶盒
优质乳产品编号	CEMA-N03401PM
验收时间	2021 年 10 月 17 日
第一次抽检时间	2022 年 04 月 21 日
第二次抽检时间	2022 年 09 月 15 日
第三次抽检时间	2023 年 02 月 27 日

所有指标均符合《优质巴氏杀菌乳》标准

三、优质乳工程启动

2019 年 7 月，湛江燕塘乳业向国家奶业科技创新联盟提交申请表和企业生产情况调查表等材料，申请实施优质乳工程。经过专家的调研与技术指导，湛江燕塘乳业于 2019 年 10 月全面启动实施优质乳工程。

湛江燕塘乳业申请实施优质乳工程

四、优质乳工程验收

根据《优质乳工程管理办法》规定,国家奶业科技创新联盟分别于 2021 年 9 月和 2021 年 10 月对湛江燕塘乳业开展了工艺验证和现场验收。

2021 年 9 月联盟专家组进行现场验收,包括产品奶源、加工前奶源的投料罐和优质乳产品的验证;优质乳产品生产线的保留时间和保持温度的验证;优质乳产品储藏、运输和销售终端冷链温度的验证;牧场奶源生产管理情况、加工厂工艺参数控制、产品质量控制情况的现场查看和记录验证。

优质乳产品生产线的工艺验证

2021 年 10 月 17 日,国家奶业科技创新联盟组织专家听取企业汇报,宣布其奶源符合《生乳用途分级技术规范》(T/TDSTIA 001—2019)的规定,工艺符合《优质巴氏杀菌乳加工工艺技术规范》(T/TDSTIA 011—2019)的规定,巴氏杀菌乳产品符合《优质巴氏杀菌乳》(T/TDSTIA 004—2019)的规定,湛江燕塘乳业有限公司通过优质乳工程的验收。自此,燕塘乳业成为广东省本地首个全系工厂通过中国优质乳工程认证的品牌。

湛江燕塘部门负责人汇报优质乳工程实施开展的工作及成果

中国农业科学院科技管理局庄严处长在湛江燕塘乳业调研指导

邱广总经理在优质乳工程验收会议上进行答疑

国家奶业科技创新联盟秘书长张养东宣读验收决议

湛江燕塘乳业有限公司通过优质乳工程验收

五、企业开展的优质工程活动

（一）开展优质乳科普宣传活动

在微信平台上进行优质乳科普宣传，引导消费者正确认识优质乳、树立科学的消费理念。

优质乳工程的微信平台宣传

（二）提升检测能力

从 2019 年起湛江燕塘乳业安排人员积极参加农业农村部奶及奶制品质量安全监督检验测试中心（北京）组织的牛奶中糠氨酸、乳铁蛋白、β-乳球蛋白和碱性磷酸酶等指标检测技术现场培训，具备优质乳产品核心指标的检测能力。

湛江燕塘乳业检测人员进行优质乳产品检测

企 业 名 称：甘肃祁牧乳业有限责任公司

优质乳企业编号：CEMA-N035

法 定 代 表 人：丁　俊

企 业 地 址：嘉峪关市嘉东工业园区创新大道 2002 号

一、企业简介

甘肃祁牧乳业有限责任公司（以下简称"祁牧乳业公司"）是一家集奶牛饲草料种植、奶牛饲料加工、奶牛养殖、乳制品制造、生物质燃料加工为一体的全产业链乳品企业。公司注册资本 10 000 万元，2022 年销售收入 2.248 亿元，利润 2 570 万元，公司占地面积 4 万平方米，职工 140 余人，专业技术人员 22 人，其中高级技术人员 5 人。目前公司已形成年产 3.9 万吨原鲜奶的生产能力，并形成年产乳制品（巴氏奶、灭菌奶、酸奶等）1.2 万吨的生产能力。公司主营原鲜奶及深加工乳制品，共计包括 5 大系列，30 多个品种，产品市场涉及全国 12 个省、自治区、直辖市。

甘肃祁牧乳业有限责任公司是"科改示范"企业，也是甘肃首家实施优质乳工程项目的乳企，已获得"甘肃省省级高新技术企业认证""甘肃省省级创新型企业认证""HACCP 质量体系认证""ISO 9001 质量体系认证""诚信管理体系认证""甘肃省农业产业化重点龙头企业""甘肃省名牌产品""清真食品认证""省级技术中心""甘肃省第三届创新杯工业设计大赛优秀奖"等荣誉称号。

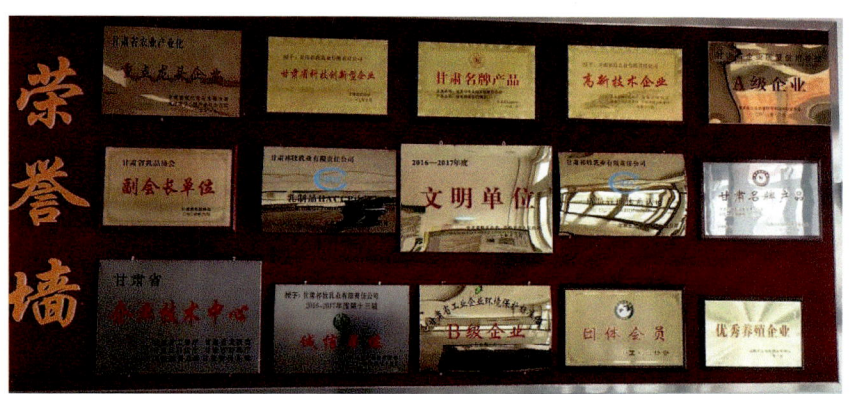

甘肃祁牧乳业公司乳制品加工厂

祁牧乳业公司奶牛养殖一厂

祁牧乳业公司奶牛养殖二厂

二、优质乳工程产品介绍

祁牧乳业公司共有 1 款巴氏杀菌产品通过国家优质乳工程验收。祁牧乳业公司产品对应 1 个自有优质乳奶源牧场和 1 条巴氏杀菌生产线。优质乳产品生产线为"巴氏杀菌生产线，加工工艺 78℃ /15s"。

祁牧乳业优质乳生产线名称及编号

序号	企业名称	优质乳生产线名称	加工工艺	生产线编号
1	甘肃祁牧乳业有限责任公司	巴氏杀菌生产线	75℃/15s	CEMA-N035PL01

祁牧乳业优质乳产品名称及编号

序号	企业名称	产品名称	优质乳产品编号
1	甘肃祁牧乳业有限责任公司	祁牧鲜12h鲜牛奶250g百利包	CEMA-N03501PM

优质乳产品名称　祁牧鲜12h鲜牛奶250g百利包
优质乳产品编号　CEMA-N03501PM
验　收　时　间　2021年11月13日
第一次抽检时间　2022年06月11日
第二次抽检时间　2022年09月17日
第三次抽检时间　2023年03月01日
所有指标均符合《优质巴氏杀菌乳》标准

三、优质乳工程启动

2019年4月21日，祁牧乳业公司向国家奶业创新联盟提交申请和企业生产情况调查表等材料，申请实施优质乳工程。经过专家的调研与技术指导，祁牧乳业于2019年6月全面启动实施优质乳工程。

 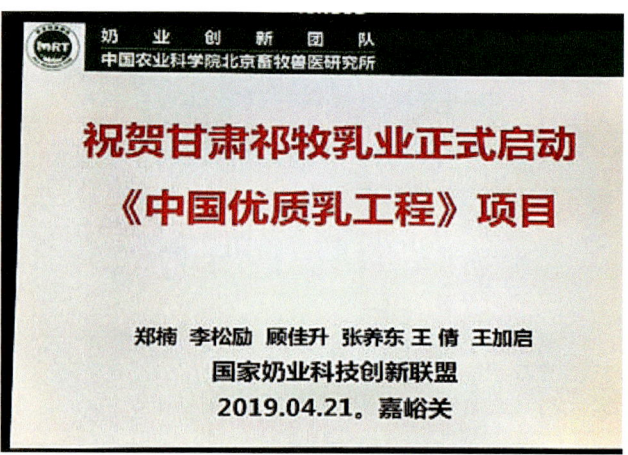

祁牧乳业优质乳工程项目启动会（2019年4月21日）

祁牧乳业公司关于成立优质乳工程项目推进组的通知

四、优质乳工程验收

根据《优质乳工程管理办法》规定，国家奶业科技创新联盟分别于 2021 年 9 月 3 日和 2021 年 11 月 13 日对祁牧乳业公司开展了现场工艺验证和在线验收，包括产品奶源、加工全年奶源投料罐和优质乳产品验证；优质乳生产加工线的保留时间、保持温度、探头灵敏度、杀菌温度的验证；优质乳产品贮藏、运输和销售终端冷链温度的验证；牧场奶源生产管理情况、加工厂工艺参数控制、产品质量控制情况的在线查看和记录验证等。

2021 年 11 月 13 日，国家奶业科技创新联盟组织专家听取企业汇报，宣布其奶源符合《生乳用途分级技术规范》（T/TDSTIA 001—2019）的规定，工艺符合《优质巴氏杀菌乳加工工艺技术规范》（T/TDSTIA 011—2019）的规定，巴氏杀菌乳产品符合《优质巴氏杀菌乳》（T/TDSTIA 004—2019）的规定，祁牧乳业通过优质乳工程的验收，成为甘肃省第二家通过优质乳工程验收的企业。

祁牧乳业优质乳工程验收会议（2021年11月13日）

五、企业开展的优质乳工程活动

优质乳工程宣传活动

线上线下科普优质乳工程，宣传优质乳产品。

优质乳工程线上宣传

祁牧乳业公司线下体验馆

祁牧乳业公司优质乳招商引资推介会宣传

祁牧乳业公司新鲜屋

祁牧乳业公司订奶宣传

企 业 名 称： 四川雪宝乳业集团有限公司

优质乳企业编号： CEMA-N036

法 定 代 表 人： 任奎元

企 业 地 址： 四川省绵阳市经开区塘坊大道 138 号

一、企业介绍

四川雪宝乳业集团有限公司是川西北一家大型乳制品产业化国家重点龙头企业，位于中国科技城——绵阳，作为政府"菜篮子"工程，为了振兴绵阳奶业发展，公司积极开拓牧业养殖和产品开发，公司现有产品为巴氏杀菌乳、灭菌乳、发酵乳、调制乳、含乳饮料、复合蛋白饮料、乳味饮料七大系列60多个产品，年产各类乳制品12万吨，市场覆盖四川、重庆、云南、贵州、陕西和甘肃等100余个县市。

2015年，雪宝集团在绵阳市安州区投资1.2亿元，按全国领先水平打造的鸿丰高端奶牛养殖示范牧场于2018年9月正式产犊投产，目前公司奶牛存栏近1 300余头，泌乳牛600余头，日产鲜奶20吨。通过项目实施，鸿丰牧场采取"生态农业示范基地—秸秆饲料化—畜禽养殖—废弃物处理—有机还田"的综合性生态循环农业模式，促进了种植业与养殖业相互融合，实现全消纳、零排放目标。

雪宝乳业从2001年开始实施质量管理体系，20多年来，先后通过了质量管理体系、环境管理体系、食品安全管理体系、乳制品HACCP管理体系、职业健康安全管理体系、乳品GMP管理体系、食品工业企业诚信管理体系、知识产权管理体系、两化融合管理体系、良好农业规范管理体系认证。

公司始终坚持"生产放心产品、打造放心品牌、经营放心事业"的经营理念，切实保障好产品质量，持续给消费者提供优质放心的产品！

四川雪宝乳业集团有限公司优质乳工程示范工厂

四川雪宝乳业集团有限公司优质乳工程示范牧场

二、优质乳工程奶源牧场与产品介绍

四川雪宝乳业集团有限公司共有 2 款巴氏杀菌乳产品通过了国家优质乳工程验收。四川雪宝乳业集团有限公司优质乳产品拥有 1 个供应优质奶源的自建牧场和 1 条巴氏杀菌生产线。优质乳产品生产线为"T11 巴氏杀菌生产线，加工工艺 75℃/15s"，很好地保留了牛奶中乳铁蛋白、α-乳白蛋白、β-乳球蛋白和乳过氧化物酶等活性营养物质。

四川雪宝乳业集团有限公司优质奶源牧场名称及编号

序号	企业名称	优质奶源牧场名称	生产线编号
1	四川雪宝乳业集团有限公司	绵阳市安州区鸿丰奶牛养殖有限公司	CEMA-N036DF001

四川雪宝乳业集团有限公司优质乳生产线名称及编号

序号	企业名称	优质乳生产线名称	加工工艺	生产线编号
1	四川雪宝乳业集团有限公司	T11 巴氏杀菌生产线	75℃/15s	CEMA-N036PL01

四川雪宝乳业集团有限公司优质乳产品名称及编号

序号	企业名称	优质乳产品名称	优质乳编号
1	四川雪宝乳业集团有限公司	雪宝优乳时刻鲜牛奶 950mL 屋顶盒	CEMA-N03601PM
2		雪宝优乳时刻鲜牛奶 200g 玻璃瓶	CEMA-N03602PM

优质乳产品名称 雪宝优乳时刻鲜牛奶 950mL 屋顶盒
优质乳产品编号 CEMA-N03601PM
验 收 时 间 2022 年 01 月 04 日
第 一 次 抽 检 时 间 2023 年 02 月 28 日
所有指标均符合《优质巴氏杀菌乳》标准

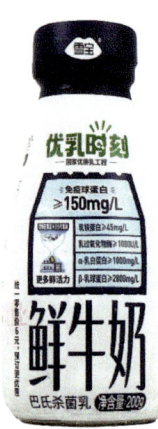

优质乳产品名称 雪宝优乳时刻鲜牛奶 200g 玻璃瓶
优质乳产品编号 CEMA-N03602PM
验 收 时 间 2022 年 01 月 04 日
第 一 次 抽 检 时 间 2023 年 02 月 28 日
所有指标均符合《优质巴氏杀菌乳》标准

三、优质乳工程启动

2020 年 10 月 24 日，公司特别邀请国家奶业科技创新联盟理事长王加启、国家奶业科技创新联盟秘书长张养东，对优质乳工程建设背景以及实施办法做了详细的解读，进一步开拓了公司优质乳工程建设的思路。张养东秘书长强调了"优质奶、本地奶"科学理念，王加启理事长强调优质乳是奶业发展的方向。只有保障优质奶源、优化工艺参数、验证优质产品指标、完善优质乳相关规范，才能确保优质巴氏杀菌乳的正常市场供应。

2020年12月4日，四川雪宝乳业集团有限公司正式向国家奶业科技创新联盟提出书面申请，公司优质乳工程项目全面启动。

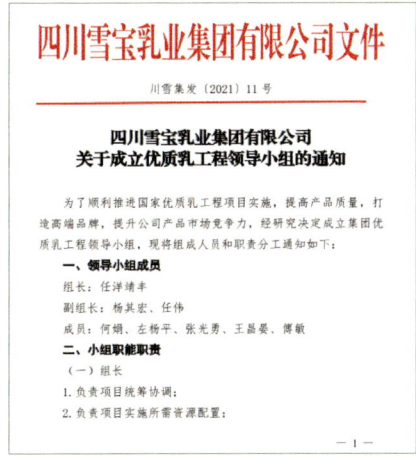

四川雪宝乳业集团有限公司关于成立优质乳工程小组的通知

四川雪宝乳业集团有限公司优质乳工程启动仪式

四、优质乳工程验收

由于新冠病毒疫情原因，专家组无法到达现场，由公司董事长任奎元带队于2022年1月1日到北京进行验收。专家组根据《国家优质乳工程管理办法》规定，对四川雪宝乳业集团有限公司加工厂和奶源牧场进行了验收。验证内容包括：产品的奶源（牧场）、加工前的投料罐原料奶和申请优质乳工程验收的每种巴氏奶产品验证，生产优质乳产品生产线的保留时间和保持温度的验证，优质乳产品储藏、运输和销售终端冷链温度的验证，牧场奶源生产管理情况、加工厂工艺参数控制、产品质量控制情况的现场查看和记录验证等。

2022年1月3日，国家奶业科技创新联盟组织专家听取四川雪宝乳业集团有限公司优质乳工程实施进展汇报、查阅企业验收资料，经专家讨论后认证其奶源、加工工艺和产品符合《国家优质乳工程管理办法》验收

标准，并形成四川雪宝乳业集团有限公司通过优质乳工程验收的决议。

五、优质乳工程抽检

根据《国家优质乳工程管理办法》规定，国家奶业科技创新联盟委托第三方检测机构2023年2月对四川雪宝乳业集团有限公司通过优质乳工程验收的巴氏杀菌乳产品及其奶源开展抽检工作。

四川雪宝乳业集团有限公司通过优质乳工程验收的巴氏杀菌乳产品及其奶源参与的抽检，各项指标检测结果均符合《优质巴氏杀菌乳》（T/TDSTIA 004—2019）的规定：糠氨酸≤12mg/100g蛋白质，乳铁蛋白≥25mg/L，β-乳球蛋白≥2 200mg/L。

六、企业开展的优质乳工程活动

（一）优质乳工程品牌宣传

针对优质巴氏杀菌乳计划上市两款产品，宣传渠道主要为公交媒体宣传、广播电台宣传、自有公众号宣传、小区电梯广告宣传、大型社区摆点等形式，既加大了广大消费者对优质乳产品的认知度，也很好地推广了公司优质乳产品。

（二）提高了奶源质量

通过优质乳工程的实施，牧场从分群管理、饲料饲养、挤奶操作、奶厅及牛舍环境卫生、粪污处理、节能降耗等环节进行了提升，生鲜乳质量同比去年得到了明显改善，通过数据对比，充分说明了优质乳工程的实施对牧场奶源质量起到了提升效果。

（三）实现了节能降耗

优质乳工程的巴氏杀菌温度由原来的85℃/15s降低为75℃/15s，每吨产品节约能源约75元（水10元+电31元+气34元）；工艺简化，每天减少污水排放6吨，每天减少酸碱清洗液排放0.8吨；节约人工，每天可节约人工费约397元。

（四）提升了检验水平

开展了新的优质乳产品检测项目，检验人员通过学习和培训，提高了现有的检测能力，缩短了检测时效。另外，通过对碱性磷酸酶、乳铁蛋白等的实操培训，全面提升了现有检验人员的专业技能水平和检测能力。

（五）推动了品牌建设

中小型乳制品加工企业的品牌化已经成为未来发展的必然趋势，在目前市场品牌繁多化、产品同质化、包装类似化的情况下，将优质乳工程切实融入产业链的每一处细节，全面提升全产业链的核心竞争力，为一杯好奶全力以赴。

优质乳产品宣传

企 业 名 称： 浙江一鸣食品股份有限公司

优质乳企业编号： CEMA-N037

法 定 代 表 人： 朱立科

企 业 地 址： 浙江省温州市平阳县一鸣工业园

一、企业介绍

浙江一鸣食品股份有限公司（以下简称"一鸣食品"）是一家集牛奶养殖、乳品、烘焙食品生产加工、销售于一体的农业产业化国家龙头企业。公司一直坚守实业，围绕整合和延伸农业产业链，坚持"三产接二连一"发展模式，以信息化为支撑，走新型工业化道路，创新营销模式，在"传统农业＋互联网"的大健康产业上不断创新发展。

公司拥有自建牧场——泰顺高山牧场，从澳洲引进奶牛，保证了优质奶源的供应；公司不断创新产品加工、保鲜技术，在保证产品营养的同时，提高产品的新鲜口感以及丰富种类的可选择性；通过"机器换人"项目，一鸣平阳工业园引进了瑞典利乐公司先进的设计理念和加工设备，自动化程度、设备集成水平大大提高，车间整线实现全自动中控控制，保证食品安全、卫生、健康、绿色、高效，实现产品质量实时追溯。

公司拥有强大的销售网络系统，产品辐射力强。2002年5月，一鸣食品在全国首创性地开设"一鸣真鲜奶吧"连锁业，掀起了全国的"早餐革命"。随着门店数量的拓展，建立了独具特色的奶吧标准化服务体系，形成了可复制推广的商业模式，在住宅区、学校、综合写字楼、地铁站、城市综合体都取得了良好的效果，目前门店规模达2 000多家，发展势态良好。

近年来，企业不断发展壮大，品牌影响力不断提升，先后被评为"国家农业产业化重点企业""国家级绿色工厂""高新技术企业""国家科学技术进步奖""工信部两化融合管理体系贯标试点企业""工信部制造业与互联网融合发展试点示范项目""浙江省重点农业企业研究院""浙江省消费者信得过单位"等，获得社会和政府的广泛认可。

未来，公司将立足自身，拥抱市场，继续坚持"以创造新鲜健康生活"为使命，不断优化产品结构、提升服务体验、创新经营模式、扩大产能和市场，争创国际一流食品企业。

浙江一鸣食品股份有限公司

泰顺县一鸣生态农业有限公司

二、优质乳工程奶源牧场与产品介绍

一鸣食品共有 3 款巴氏杀菌奶产品通过国家优质乳工程验收。一鸣食品优质乳产品对应 1 家供应优质奶源牧场和 1 条巴氏杀菌生产线，优质乳产品生产线为"巴氏杀菌乳生产线，加工工艺 75℃/15s"，较大程度地保留了牛奶中乳铁蛋白和 β-乳球蛋白等活性营养物质。

一鸣食品优质乳奶源牧场名称及编号

序号	企业名称	优质奶源牧场名称	生产线编号
1	浙江一鸣食品股份有限公司	泰顺县一鸣生态农业有限公司	CEMA-N037DF001

一鸣食品优质乳生产线名称及编号

序号	企业名称	优质乳生产线名称	加工工艺	生产线编号
1	浙江一鸣食品股份有限公司	巴氏杀菌乳生产线	75℃/15s	CEMA-N037PL01

一鸣食品优质乳产品名称及编号

序号	企业名称	产品名称	优质乳产品编号
1	浙江一鸣食品股份有限公司	澳瑞鲜牛奶 220mL PP 瓶	CEMA-N03701PM
2	浙江一鸣食品股份有限公司	澳瑞鲜牛奶 1kg PET 瓶	CEMA-N03702PM
3	浙江一鸣食品股份有限公司	娟姗鲜牛奶 250mL PP 瓶	CEMA-N03703PM

优质乳产品名称 澳瑞鲜牛奶 220mL PP 瓶
优质乳产品编号 CEMA-N03701PM
验 收 时 间 2022 年 03 月 23 日
第一次抽检时间 2023 年 03 月 06 日
第二次抽检时间 2023 年 04 月 02 日
所有指标均符合《优质巴氏杀菌乳》标准

优 质 乳 产 品 名 称	澳瑞鲜牛奶 1kg PET 瓶
优 质 乳 产 品 编 号	CEMA-N03702PM
验 收 时 间	2023 年 03 月 06 日
第 一 次 抽 检 时 间	2023 年 03 月 06 日
第 二 次 抽 检 时 间	2023 年 04 月 02 日

所有指标均符合《优质巴氏杀菌乳》标准

优 质 乳 产 品 名 称	娟姗鲜牛奶 250mL PP 瓶
优 质 乳 产 品 编 号	CEMA-N03703PM
验 收 时 间	2023 年 03 月 06 日
第 一 次 抽 检 时 间	2023 年 03 月 06 日
第 二 次 抽 检 时 间	2023 年 04 月 02 日

所有指标均符合《优质巴氏杀菌乳》标准

三、优质乳工程启动

2019 年 4 月，一鸣食品召开了"中国优质乳工程"项目启动大会。会后公司迅速组建项目领导小组，组织相关人员进行技术培训以及市场标杆、联盟标准的多轮差距分析，讨论制定了相应的改善措施。

一鸣食品优质乳工程领导小组成立通知（2019 年 5 月 25 日）

一鸣食品优质乳工程启动会（2019年4月30日）

四、优质乳工程验收

根据《国家优质乳工程管理办法》规定，奶业联盟委托第三方检测机构与行业专家于2022年3月对浙江一鸣食品股份有限公司、泰顺县一鸣生态农业有限公司开展了现场验证和验收。现场验证内容包括：产品的奶源（牧场）、加工前的投料罐原料奶和申请优质乳工程验收的每种巴氏奶产品验证，生产优质乳产品生产线的保留时间和保持温度的验证，优质乳产品储藏、运输和销售终端冷链温度的验证，牧场奶源生产管理情况、加工厂工艺参数控制、产品质量控制情况的现场查看和记录验证等。

2022年3月23日，国家奶业科技创新联盟组织专家听取一鸣食品优质乳工程实施进展汇报、现场查阅企业验收资料，专家讨论后宣布其奶源、加工工艺和产品符合《国家优质乳工程管理办法》验收标准，并形成一鸣食品通过优质乳工程验收的决议。

一鸣食品优质乳工程线上验收会
（2022年3月23日）

一鸣食品通过国家优质乳工程评审验收
（2022年3月23日）

泰顺一鸣优质乳牧场牛舍

五、优质乳工程抽检

根据《国家优质乳工程管理办法》规定，国家奶业科技创新联盟委托第三方检测机构于2023年3月和2023年4月对一鸣食品优质乳工程验收的巴氏奶产品及其奶源开展抽检工作。

一鸣食品优质乳工程验收的全部巴氏奶产品参加联盟组织的抽检，各项指标检测结果均符合《优质巴氏杀菌乳》（T/TDSTIA 004—2019）的规定：糠氨酸≤12mg/100g蛋白质，乳铁蛋白≥25mg/L，β-乳球蛋白≥2 200mg/L。

六、企业开展的优质乳工程活动

（一）一鸣食品优质乳工程调研

2019年4月29日，浙江一鸣食品股份有限公司正式启动"中国优质乳工程"项目，国家奶业科技创新联盟副理事长顾佳升、国家奶业科技创新联盟秘书长张养东等专家莅临现场进行考察调研、指导评估。

国家奶业科技创新联盟副理事长顾佳升和秘书长张养东在一鸣食品调研指导（2019年4月29日）

（二）优质乳工程示范牧场改造

2019年10月完成奶厅清洗系统升级，由手动改自动；2020年新建牛舍、挤奶厅（利位伐并列挤奶机）。

1. 隧道通风牛舍，深坑卧床，自动刮粪板，改善牛舍环境卫生，保证牛体干净，特别是乳头、乳房、肢蹄的卫生和健康状况。

2. 二段式降温系统，快速降温至2℃以下。

泰顺一鸣优质乳牧场挤奶厅

（三）一鸣食品优质乳工程示范工厂和示范牧场

2022年3月23日，一鸣食品通过国家奶业科技创新联盟优质乳工程评审验收；浙江一鸣食品股份有限公司和泰顺县一鸣生态农业有限公司分别被评选为"优质乳工程示范工厂"和"优质乳工程示范牧场"。

浙江一鸣食品股份有限公司被评选为"优质乳工程示范工厂"

泰顺县一鸣生态农业有限公司被评选为"优质乳工程示范牧场"

（四）提升检测能力

优质乳工程项目启动后，检测中心购置福斯流式细胞仪实现菌落总数在线检测，检测合格后原奶接收使用。先后建立了碱性磷酸酶、乳铁蛋白、β-乳球蛋白、α-乳白蛋白、糠氨酸、过氧化物酶等优质乳项目的检测，并建立了相应的作业指导书。

经过多次与农业农村部奶及奶制品质量监督检验测试中心（北京）、华测、SGS等第三方机构的数据比对，具备准确出具检测数据的能力。

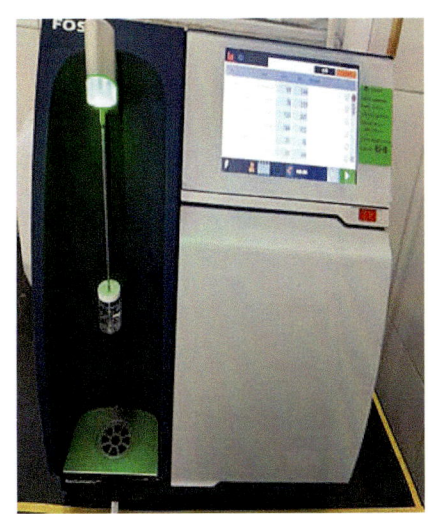

流式细胞仪检测菌落总数

安捷伦高效液相色谱仪检测优质乳产品指标

（五）宣传优质乳活动情况

一鸣食品至 2021 年起，向社会各界通过多种形式、多种场景对优质乳工程及产品进行全方位、立体化的宣传，其中包括公益活动传播、车站广告、社区电梯广告、小红书和抖音达人推荐、游戏小程序开发等。

1. 2021—2022 年优质乳推广活动

2022 年 7 月 8 日—10 日 2022 儿童友好城市展示交流宣传现场

和亚运会双人皮划艇冠军朱敏圆进行合作助力亚运

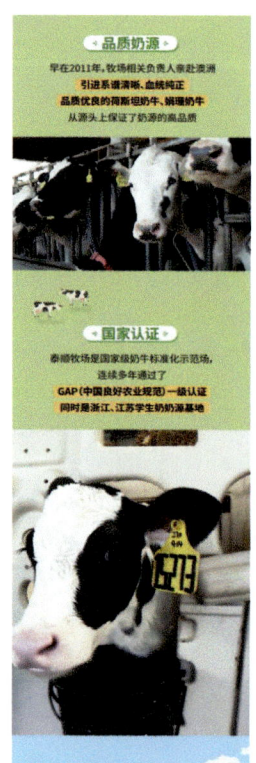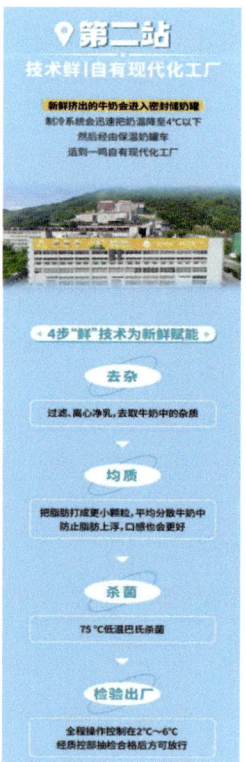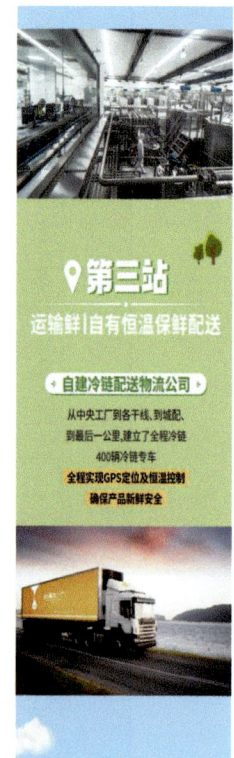

公司进行澳瑞接力赛的活动宣传

公交车站牌进行澳瑞产品宣传

抖音官方账号进行优质乳工程的宣传以及优质乳营养科普

2. 2023 年优质乳推广活动

（1）通过电梯广告、社区活动进行优质乳产品的宣传。

电梯广告宣传　　　　　　　社区活动宣传

（2）通过优质牧场的传播（露营、种草莓）等活动进行优质乳知识的宣传。

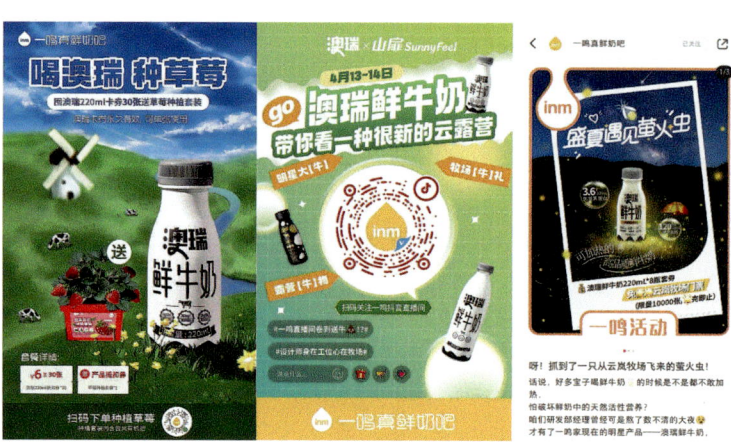

优质牧场传播活动

（3）通过一鸣食品官方账号进行优质乳产品活性物质的宣传。

一鸣官方账号宣传优质乳

（4）2023年5月30日由浙江省青少年发展基金会、杭州团市委共同主办，温州一鸣公益慈善基金会支持的浙江省"课间一小食，健康每一天——希望工程营养提升计划"启动仪式在富阳区大源镇巍巍希望小学举行。通过动员社会力量捐赠、爱心企业支持的形式，为省内留守儿童和新居民子女集中学校的学生提供营养、方便的课间营养餐，科普营养知识，培养孩子健康的饮食习惯，帮助他们均营养、垫肚子、长个子，以更优的状态投入学习和生活。

"课间一小食，健康每一天——希望工程营养提升计划"启动仪式

（5）5月20日是第34个全国学生营养日，为从小培养学生营养健康的饮食习惯，加强学生健康饮食的观念，由浙江省妇女儿童基金会、温州一鸣公益慈善基金会主办，台州七巧板等社会组织承办的"平衡膳食，健康成长"一鸣启智食育公益课堂将在"5·20全国学生营养日"来临之际，走进杭州、温州、宁波、台州、丽水、嘉兴、金华等地学校、社区开展30场食育活动，累计惠及人数1 272人。

"平衡膳食，健康成长"一鸣启智食育公益课堂

（6）公司从2023年5月5日开启了益活之旅项目，介绍产品是怎么生产出来的同

时，通过各种形式向小朋友们传播牛奶知识，小朋友们还学到了很多生活小知识：巴氏杀菌乳是需要放到冰箱冷藏的、巴氏杀菌乳的营养价值，牛奶加热的注意事项……

一鸣食品益活之旅项目传播牛奶知识

（7）7月19日—21日，在重庆市召开第十四届中国奶业大会、2023中国奶业20强（D20）峰会暨2023中国奶业展览会，浙江一鸣食品股份有限公司作为中国奶业协会副会长单位受邀出席盛会，与乳业同行以及行业专家学者齐聚一堂，共话中国奶业高质量发展新赛道，同时一鸣还参与到中国奶业展览会中，在展馆内复刻了一鸣真鲜奶吧。现调酸奶、澳瑞、地中海酸奶、酷盖咖啡、米可泡泡等多个一鸣明星产品进行了展示及售卖，受到了消费者的青睐，不管是奶吧收银台还是活动抽奖处都排起了长队，活动现场热闹非凡。

中国奶业展览会一鸣食品展台

企 业 名 称： 山西九牛牧业股份有限公司

优质乳企业编号： CEMA-N038

法 定 代 表 人： 贾　蓉

企 业 地 址： 山西省太原市尖草坪区柴化路九牛牧业循环产业园

一、企业介绍

山西九牛牧业股份有限公司（以下简称"九牛牧业"）成立于 2010 年 1 月，注册资金 5 000 万元，总投资 2 亿元，员工 500 余人，是以饲草种植、奶牛养殖、原奶加工、冷链配送、连锁直销为一体的国家农业产业化重点龙头企业。公司占地 58 亩，建设面积 12 000 平方米，引进国内外先进的乳制品加工和烘焙食品加工生产线，乳制品加工生产线 8 条，日加工能力 220 余吨，拥有生产加工设备 360 台。公司拥有尖草坪区、祁县 2 万头规模的现代化牧场，牧场引进新西兰优种奶牛和美国苜蓿，选用德、意、瑞等欧美先进的生产设备和管理技术，充分发挥公司"博士工作站"和"院士工作站"的科技支撑作用，实行科学饲喂精准饲养新技术，目前存栏奶牛 15 000 头，日产原奶 200 吨。

公司自成立以来，遵循"绿色、健康、有机"的产品理念，通过自有牧场的高品质奶源，采用国内外先进的生产设备及技术，主要生产加工安全优质的巴氏杀菌乳、发酵

山西九牛牧业股份有限公司加工厂全景

山西九牛牧业股份有限公司牧场全景

山西九牛牧业股份有限公司牧场挤奶厅

山西九牛优质乳生产现场

乳、调制乳、灭菌乳四大类鲜奶系列食品，及鲜奶面包、鲜奶糕点、蛋糕、月饼四大类烘焙系列食品，共 70 多个品项产品，产品从原料验收、生产加工、出厂配送到终端销售，全程实行封闭式、冷储存、短时间、直配送的模式。公司通过 ISO 9001 国际质量管理体系、HACCP 危害分析和关键控制点体系、BRC 食品安全全球标准认证且获得证书，以三大管理体系为准则，采用"双 Q"管理：即 QA 质量保证、QC 质量检验，全程导入"6S"现场管理制度，实施"三全管理法"和 PDCA 循环模式，建立自检、互检、专检"三检"体系，做到横向、纵向层层把关，确保生产的乳制品和烘焙产品新鲜营养、安全优质。同时公司通过了"学生奶"授权认证以及"优质乳工程"验收，公司很好地完成了产业链的延伸。

九牛私家牧场连锁门店照片

2014 年被列为太原市城区放心鲜奶进社区直供工程，目前已建成放心鲜奶连锁店 200 家，未来三年计划在全省建成放心鲜奶连锁店 500 家。通过自有牧场、自主加工、连锁直供、全程监管，坚持"扎根太原，立足山西，面向全国"的发展战略，逐步形成区域化供应、连锁化推广、标准化配置、网络化经营的格局，让广大市民喝上身边的放心鲜奶。

近年来，公司先后荣获"山西省优秀畜牧企业、山西省高新技术企业、全国奶牛标准化示范场、国家农业产业化重点龙头企业、国家现代农业产业技术示范基地、国家农业科技创新与集成示范基地、2019 年全国优秀乳品加工最具影响力品牌企业"。产品荣获"山西省名牌产品、山西省名牌农产品、山西十大食品品牌、连续 5 年获山西省百姓放心食品品牌和山西省道德诚信食品企业，连续 3 年获全国消费者喜爱的食品品牌"，2018 年荣获山西省第四届优秀中国特色社会主义事业建设者荣誉称号，2019 年荣获中国品牌影响力最具发展潜力奖和中国品牌影响力（行业）十大品牌、山西精品、太原市政府质量奖提名奖等多项荣誉。

二、优质乳工程奶源牧场与产品介绍

九牛牧业共有 2 款巴氏杀菌奶产品通过国家优质乳工程验收。九牛牧业优质乳产品对应 1 家供应优质奶源牧场和 1 条巴氏杀菌生产线，优质乳产品生产线为"BR2.5A-UHT-SN-5J 巴氏杀菌生产线，加工工艺 80℃/15s"，较大程度地保留了牛奶中乳铁蛋白和 β-乳球蛋白等活性营养物质。

九牛牧业优质奶源牧场名称及编号

序号	企业名称	优质奶源牧场名称	生产线编号
1	山西九牛牧业股份有限公司	祁县九牛农业开发有限公司	CEMA-N038DF001

九牛牧业优质乳生产线名称及编号

序号	企业名称	优质乳生产线名称	加工工艺	生产线编号
1	山西九牛牧业股份有限公司	BR2.5A-UHT-SN-5J 巴氏杀菌生产线	80℃/15s	CEMA-N038PL01

九牛牧业优质乳产品名称及编号

序号	企业名称	产品名称	优质乳产品编号
1	山西九牛牧业股份有限公司	九牛牧业 24 小时当日鲜鲜牛乳 500mL 屋顶盒	CEMA-N03801PM
2		九牛牧业 24 小时当日鲜鲜牛乳 968mL 屋顶盒	CEMA-N03802PM

优质乳产品名称　九牛牧业 24 小时当日鲜鲜牛乳 500mL 屋顶盒
优质乳产品编号　CEMA-N03801PM
验　收　时　间　2022 年 03 月 25 日
第 一 次 抽 检 时 间　2022 年 05 月 16 日
第 二 次 抽 检 时 间　2022 年 10 月 31 日
所有指标均符合《优质巴氏杀菌乳》标准

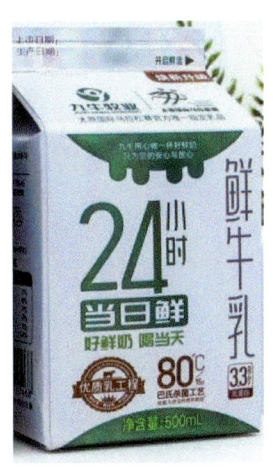

优质乳产品名称 九牛牧业 24 小时当日鲜鲜牛乳 968mL 屋顶盒
优质乳产品编号 CEMA-N03802PM
验 收 时 间 2022 年 03 月 25 日
第 一 次 抽 检 时 间 2022 年 05 月 16 日
第 二 次 抽 检 时 间 2022 年 10 月 31 日
所有指标均符合《优质巴氏杀菌乳》标准

三、优质乳工程启动

2017 年 11 月，九牛牧业向国家奶业科技创新联盟提交申请表和企业生产情况调查表等材料，申请实施优质乳工程。经过专家的现场调研与技术指导，九牛牧业于 2018 年 2 月全面启动实施优质乳工程。

九牛牧业关于成立优质乳工程小组的通知

九牛牧业优质乳工程启动会议

四、优质乳工程验收

根据《国家优质乳工程管理办法》规定，国家奶业科技创新联盟委托第三方检测机构与行业专家于2021年9月对九牛牧业加工厂、奶源牧场开展了现场验证和验收。现场验证内容包括：产品的奶源（牧场）、加工前的投料罐原料奶和申请优质乳工程验收的每种巴氏奶产品验证，生产优质乳产品生产线的保留时间和保持温度的验证，优质乳产品储藏、运输和销售终端冷链温度的验证，牧场奶源生产管理情况、加工厂工艺参数控制、产品质量控制情况的现场查看和记录验证等。

2022年3月25日，国家奶业科技创新联盟组织专家听取九牛牧业优质乳工程实施进展汇报、现场查阅企业验收资料，专家讨论后宣布其奶源、加工工艺和产品符合《国家优

九牛牧业董事长吴小东在优质乳工程评审验收会议上汇报（2022年3月25日）

评审专家组在优质乳工程验收会议线上听取企业汇报（2022年3月25日）

九牛牧业通过国家优质乳工程评审验收
（2022年3月25日）

九牛牧业优质乳生产线

质乳工程管理办法》验收标准，并形成九牛牧业通过优质乳工程验收的决议。九牛牧业通过优质乳工程验收，成为山西省首家通过验收的企业。

五、优质乳工程抽检

根据《国家优质乳工程管理办法》规定，国家奶业科技创新联盟委托第三方检测机构分别于2022年5月、2022年10月、2023年3月和2023年8月对九牛牧业通过优质乳工程验收的巴氏奶产品及其奶源开展抽检工作。

九牛牧业通过优质乳工程验收的全部巴氏奶产品参加联盟组织的历次抽检，各项指标检测结果均符合《优质巴氏杀菌乳》（T/TDSTIA 004—2019）的规定：糠氨酸≤12mg/100g蛋白质，乳铁蛋白≥25mg/L，β-乳球蛋白≥2 200mg/L。

六、企业开展的优质乳工程活动

（一）九牛牧业优质乳工程示范工厂和示范牧场

2022年3月25日，九牛牧业通过国家奶业科技创新联盟优质乳工程评审验收；九牛牧业加工厂和牧场分别被评选为"优质乳工程示范工厂"和"优质乳工程示范牧场"。

九牛牧业加工厂被评选为
"优质乳工程示范工厂"

九牛农业开发有限公司被评选为
"优质乳工程示范牧场"

（二）提升检测能力

九牛牧业从 2018 年起，积极安排人员参加农业农村部奶及奶制品质量安全监督检验测试中心（北京）组织的牛奶中糠氨酸、乳果糖、乳铁蛋白、α-乳白蛋白和β-乳球蛋白等指标检测技术现场培训，九牛牧业实验室具备独立完成优质乳产品核心指标的检测能力。

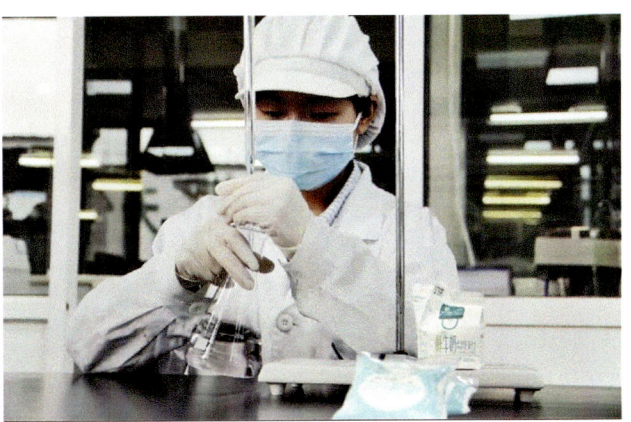

九牛牧业实验室检测人员进行优质乳产品相关指标检测

（三）宣传优质乳工程活动情况

九牛牧业自 2022 年起，向社会各界开展了多次优质乳工程的科普宣传活动。并在山西省太原市市内两百余家门店悬挂优质乳牌匾，持续引导消费者正确认识优质乳，树立科学的消费理念。

九牛牧业门店

（四）升级优质乳产品外包装标签，宣传优质乳产品

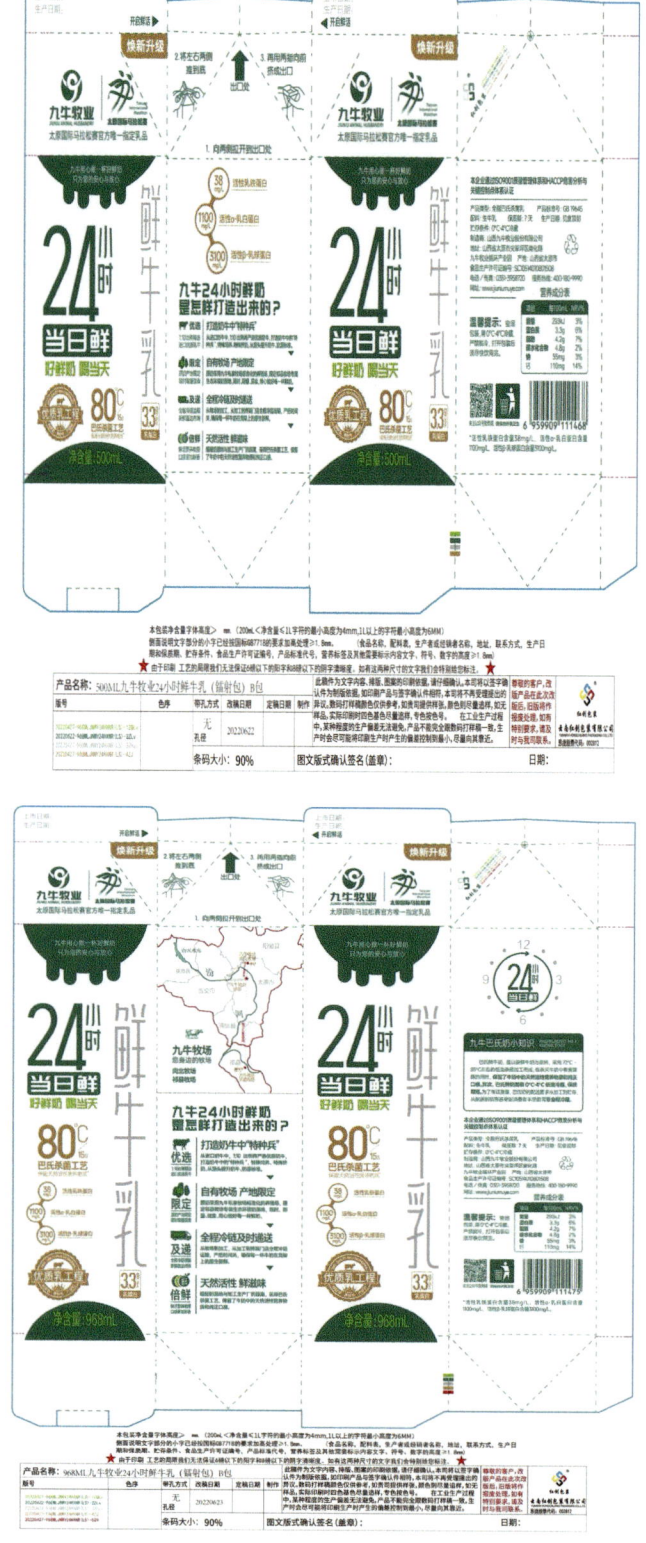

优质乳产品外包装

企 业 名 称： 美丽健乳业集团有限公司

优质乳企业编号： CEMA-N039

法 定 代 表 人： 黄利日

企 业 地 址： 浙江省湖州市德清县武康镇逸仙路 318 号

一、企业介绍

美丽健乳业集团有限公司（以下简称"美丽健"）成立于 2008 年 5 月，始创于 1897 年望江门外韩永记牛场，总部位于浙江省杭州市。通过多年不断经营发展与兼并整合，公司现已成为"草、畜、乳"一体化，"产、供、销"一条龙的综合性乳业集团，公司以"美丽健""益益""西湖牌"三大历史悠久的母品牌为依托，布局浙江德清、安徽淮南、吉林敦化，拥有多个高品质生态牧场、三大现代化乳品加工基地。公司秉承"用心做好每杯奶"的使命，凭着过硬的产品品质、丰富的产品品项、不断延伸的市场网络和日臻完善的售后服务，赢得了消费者和行业的充分肯定和广泛赞誉。

美丽健优质乳工程示范工厂

美丽健优质乳示范牧场——浙江凤山奶牛养殖有限公司

二、优质乳工程奶源牧场与产品介绍

美丽健共有 1 款巴氏杀菌乳产品通过国家优质乳工程验收。美丽健优质乳产品对应自有 1 个优质奶源牧场和 1 条巴氏杀菌乳生产线,优质乳产品生产线为"优质巴氏杀菌生产线,加工工艺 75℃/15s",较大程度地保留了牛奶中乳铁蛋白和 β-乳球蛋白等活性营养物质。

美丽健优质奶源牧场名称及编号

序号	企业名称	优质奶源牧场名称	生产线编号
1	美丽健乳业集团有限公司	浙江凤山奶牛养殖有限公司	CEMA-N03901DF001

美丽健优质乳生产线名称及编号

序号	企业名称	优质乳生产线名称	加工工艺	生产线编号
1	美丽健乳业集团有限公司	优质巴氏杀菌乳生产线	75℃/15s	CEMA-N03901PL01

美丽健优质乳产品名称及编号

序号	企业名称	产品名称	优质乳产品编号
1	美丽健乳业集团有限公司	美丽健西湖牌鲜牛奶 145mL 纸杯	CEMA-N03901PM

优 质 乳 产 品 名 称 美丽健西湖牌鲜牛奶 145mL 纸杯
优 质 乳 产 品 编 号 CEMA-N03901PM
验　收　时　间 2022 年 09 月 14 日
第 一 次 抽 检 时 间 2023 年 04 月 02 日
第 二 次 抽 检 时 间 2023 年 07 月 09 日
所有指标均符合《优质巴氏杀菌乳》标准

三、优质乳工程启动

2021年1月,美丽健向国家奶业科技创新联盟提交申请表和企业生产情况调查表等材料,申请实施优质乳工程。经过联盟专家的现场调研与技术指导,美丽健于2022年1月全面启动实施优质乳工程。

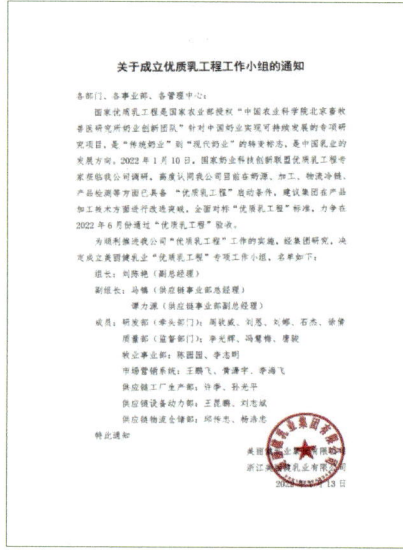

优质乳工程启动

国家奶业科技创新联盟副理事长顾佳升
参加美丽健优质乳工程启动仪式(2022年1月10日)

美丽健优质乳工程启动会议(2022年1月10日)

四、优质乳工程验收

根据《国家优质乳工程管理办法》规定，2022年7月2—4日，国家奶业科技创新联盟委托第三方农业农村部奶及奶制品质量监督检验测试中心（北京）对美丽健加工厂、奶源牧场开展了现场验证和验收。现场验证内容包括：产品的奶源（牧场）、加工前的投料罐原料奶和申请优质乳工程验收的优质巴氏杀菌乳产品验证，生产优质乳产品生产线的杀菌温度稳定性和保持时间的验证，优质乳产品贮存、冷链运输和终端冷链管控验证，牧场奶源生产管理情况、加工厂工艺参数控制、产品质量控制情况的现场查看和记录验证等。

2022年9月14日，国家奶业科技创新联盟组织专家听取美丽健优质乳工程实施进展汇报、现场查阅企业验收资料，专家讨论后宣布其奶源、加工工艺和产品符合《国家优质乳工程管理办法》验收标准，并形成美丽健通过优质乳工程验收的决议。美丽健通过优质

验收专家组在美丽健牧场调研
（2022年9月14日）

评审专家组在美丽健优质乳工程验收会议上听取企业汇报（2022年9月14日）

美丽健通过国家优质乳工程评审验收
（2022年9月14日）

美丽健优质乳生产线

乳工程验收，成为通过优质乳工程验收的第 39 家企业。

五、优质乳工程产品检验

为验证优质巴氏杀菌乳产品稳定性，2022 年 3 月至 6 月美丽健内外部累计检测 48 批成品，其中委托农业农村部奶及奶制品质量监督检测测试中心检测 9 个批次。美丽健通过优质乳工程验收的优质巴氏杀菌乳产品各项指标检测结果均符合《优质巴氏杀菌乳》（T/TDSTIA 004—2019）的规定：糠氨酸≤12mg/100g 蛋白质，乳铁蛋白≥25mg/L，β-乳球蛋白≥2 200mg/L。

2023 年 4 月、2023 年 7 月参加优质乳工程抽检工作，美丽健通过优质乳工程验收的优质巴氏杀菌乳产品各项指标检测结果均符合《优质巴氏杀菌乳》（T/TDSTIA 004—2019）的规定：糠氨酸≤12mg/100g 蛋白质，乳铁蛋白≥25mg/L，β-乳球蛋白≥2 200mg/L。

六、企业开展的优质乳工程活动

（一）美丽健优质乳工程调研

2021 年 1 月 10 日，国家奶业科技创新联盟顾佳升副理事长到美丽健生产加工基地调研，针对美丽健的优质乳工程实施进展情况进行了深入沟通交流，美丽健董事长黄利日、刘陈艳等出席了本次调研座谈会。

奶业联盟副理事长顾佳升对美丽健优质乳加工车间进行现场调研（2022 年 1 月 10 日）

（二）提升检测能力

美丽健自 2022 年 5 月起，积极安排人员参加农业农村部奶及奶制品质量安全监督检验测试中心（北京）组织的牛奶中糠氨酸、乳铁蛋白和 β-乳球蛋白等指标检测技术现场及线上培训。美丽健实验室具备独立完成优质乳产品核心指标的检测能力。

美丽健实验室检测人员进行优质乳产品相关指标检测培训

（三）宣传优质乳工程活动情况

美丽健自 2022 年 9 月起，向社会各界开展了多次优质乳工程的科普宣传活动，进行全方位、立体化多种形式的优质乳工程宣传，持续引导消费者正确认识优质乳，树立科学的消费理念。

美丽健 75℃优质巴氏鲜奶"新鲜订"微信商城推广宣传活动

美丽健"优质乳科普日"网络推广宣传活动

优质乳工程企业名录（2023年）

西湖牌牛奶抖音官方号"优质乳标志"宣传

西湖牌牛奶微信公众号"优质乳标志"宣传

视频号"优质乳标志"宣传

美丽健新鲜订公众号"优质乳标志"宣传

企 业 名 称：皇氏集团湖南优氏乳业有限公司

优质乳企业编号：CEMA-N040

法 定 代 表 人：肖松义

企 业 地 址：湖南省宁乡市经开区永佳西路18号

一、企业介绍

皇氏集团湖南优氏乳业有限公司（以下简称"优氏乳业"）是一家集奶牛养殖、乳制品加工、销售、科研和服务于一体的现代化专业乳品企业。工厂占地105亩，投资5亿元，引进国内外先进生产设备，拥有全自动灌装生产线16条，年加工能力10万吨，全程标准化、数字化、智能化管理。工厂拥有省级技术中心，具备141项食品检测能力。优氏品牌鲜奶、酸奶畅销于湖南及周边各大卖场、连锁超市、便利店、机关单位食堂、中小学校和送奶上户渠道。优氏欧冠牧场投资1亿元，占地350亩，存栏新西兰荷斯坦奶牛1 500头，流转种植牧草9 000亩，是国内首家给奶牛配备水床的牧场，拥有湖南省首条1分钟速冷设备，采用国际先进的瑞典进口利拉伐全自动挤奶设备，同时配备有水帘空调、自动挠痒按摩器、自动粪污处理系统等。

公司历年来获得的重要荣誉奖项：国家级高新技术企业、中国学生饮用奶生产企业、湖南省企业技术认定中心、湖南省专精特新"小巨人"企业、湖南省农业产业化龙头企业、湖南省"三品一标"品牌标杆企业、湖南省两型工业认证企业、湖南省节水型企业、湖南省运动员牛奶供应商等。

优氏乳制品工业园——大门全景图

优氏乳制品工业园——公司前坪

优氏乳制品工业园——前处理车间

优氏乳制品工业园——十万级洁净灌装车间　　优氏乳制品工业园——省级技术中心

优氏销售——长沙达美电子商务部办公室

优氏欧冠牧场航拍图

优氏欧冠牧场——大门全景图

优氏欧冠牧场——前坪

优氏欧冠牧场——奶牛栏舍

优氏欧冠牧场——奶牛文化广场

二、国家优质乳工程奶源牧场与产品介绍

　　优氏乳业共有2款巴氏杀菌奶产品通过国家优质乳工程验收。优氏乳业优质乳产品对应1家供应优质奶源牧场、1条巴氏杀菌生产线、2条灌装生产线，优质乳奶源牧场见附表，优质乳产品以"CEMA-N040PL01巴氏杀菌生产线，75℃/15s加工工艺"，较大程度地保留了牛奶中乳铁蛋白和β-乳球蛋白等活性营养物质。

优氏乳业优质奶源牧场名称及编号

序号	企业名称	优质奶源牧场名称	生产线编号
1	皇氏集团湖南优氏乳业有限公司	优氏欧冠牧场	CEMA-N040DF001

优氏乳业优质乳杀菌生产线名称及编号

序号	企业名称	优质乳生产线名称	加工工艺	生产线编号
1	皇氏集团湖南优氏乳业有限公司	CEMA-N040PL01巴氏杀菌生产线	75℃/15s	CEMA-N040PL01

优氏乳业优质乳产品名称及编号

序号	企业名称	产品名称	优质乳产品编号
1	皇氏集团湖南优氏乳业有限公司	优氏10倍免疫球蛋白鲜牛奶200g玻璃瓶	CEMA-NO4002PM

优质乳产品名称　　优氏10倍免疫球蛋白鲜牛奶200g玻璃瓶
优质乳产品编号　　CEMA-NO4002PM
验　收　时　间　　2022年12月15日
第一次抽检时间　　2023年02月10日
第二次抽检时间　　2023年03月14日
所有指标均符合《优质巴氏杀菌乳》标准

三、启动国家优质乳工程

2019年11月，优氏乳业正式向国家奶业科技创新联盟提交申请表和企业生产情况调查表等国家优质乳工程认证相关材料，申请实施国家优质乳工程。经过专家的现场调研与技术指导，优氏乳业于2021年5月全面启动实施国家优质乳工程。

优氏乳业关于成立优质乳工程
领导小组的通知文件

优氏乳业国家优质乳工程启动会议（2021年5月9日）

国家奶业科技创新联盟理事长王加启、秘书长张养东参加
优氏乳业国家优质乳工程启动仪式（2021年5月9日）

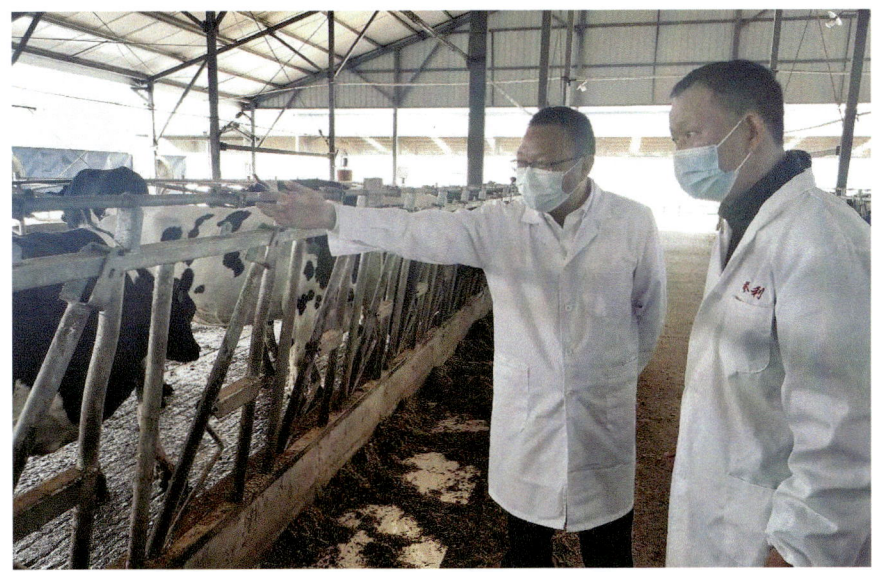

优氏乳业——优氏欧冠牧场调研（2021年5月9日）

四、优质乳工程验收

2022年3月11日，国家奶业科技创新联盟理事长王加启、秘书长张养东、赵胜国研究员等一行到长沙考察。张养东秘书长带领湖南农业大学、湖南省奶业协会专家对优质乳工程开展的工作进行了现场验证和评审。

根据《国家优质乳工程管理办法》规定，奶业联盟委托第三方检测机构与行业专家于2022年5月对优氏乳业加工厂、奶源牧场开展了现场验证和验收。现场验证内容包括：产品的奶源（牧场）、加工前的投料罐原料奶、申请国家优质乳工程验收的每种巴氏奶产品的验证，优质乳产品杀菌温度与保持时间的验证，优质乳产品储藏、运输和销售终端冷链温度的验证，牧场奶源生产管理情况、加工厂工艺参数控制、产品质量控制情况的现场查看和记录验证等。对优质乳产品生产全程溯源，跟踪3天，从原奶到成品连续抽取3天的2个产品样品送检农业农村部奶及奶制品质量监督检测中心进行检测。

2022年12月15日，国家奶业科技创新联盟组织专家听取优氏乳业国家优质乳工程实施进展汇报、现场查阅企业验收资料，专家讨论后宣布其奶源、加工工艺和产品符合《国家优质乳工程管理办法》验收标准，并形成优氏乳业通过国家优质乳工程验收的决议，该项目的顺利验收，标志着优氏乳业成为湖南省首家全产业链通过国家优质乳工程验收的企业。

国家奶业科技创新联盟张养东秘书长带队赴优氏乳业做现场评审（2022年3月11日）

第三方检测机构对优氏乳业进行3天现场验证和验收（2022年5月11—13日）

优氏乳业优质乳生产线专家现场验收（2022年5月11—13日）

优氏乳业副总经理杨劲在优质乳工程评审验收会议上汇报，评审专家组听取企业汇报
（2022年12月15日）

优氏乳业通过国家优质乳工程评审验收（2022年12月15日）

五、优质乳工程抽检

根据《国家优质乳工程管理办法》规定,国家奶业科技创新联盟委托第三方检测机构分别于 2023 年 2 月和 2023 年 4 月对优氏乳业通过国家优质乳工程验收的巴氏奶产品及其奶源开展抽检工作。

优氏乳业通过国家优质乳工程验收的所有巴氏奶产品参加联盟组织的历次抽检,各项指标检测结果均符合《优质巴氏杀菌乳》(T/TDSTIA 004—2019)的规定:糠氨酸 ≤ 12 mg/100 g 蛋白质,乳铁蛋白 ≥ 25 mg/L,β-乳球蛋白 ≥ 2 200 mg/L。

六、企业开展的优质乳工程活动

(一)调研优氏乳业国家优质乳工程开展情况

2021 年 5 月 9 日,国家奶业科技创新联盟理事长王加启、秘书长张养东到皇氏集团湖南优氏乳业有限公司调研,针对优氏乳业的国家优质乳工程实施进展情况进行了现场调研和深入沟通交流,优氏乳业总经理肖松义带领管理团队全程参与研讨,听取专家意见。

国家奶业科技创新联盟理事长王加启和秘书长张养东在优氏乳业调研座谈(2021 年 5 月 9 日)

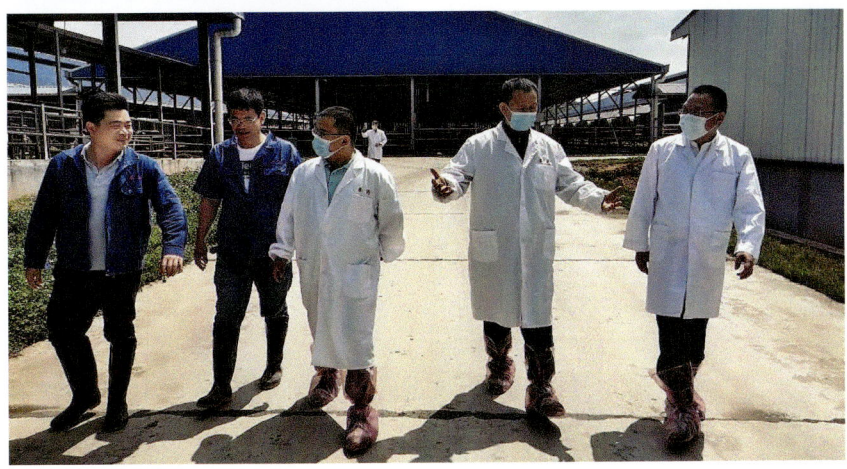

国家奶业科技创新联盟理事长王加启和秘书长张养东在优氏乳业调研（2021年5月9日）

（二）国家优质乳工程示范工厂和示范牧场

2022年12月15日，优氏乳业通过国家优质乳工程评审验收，优氏乳业加工厂和优氏欧冠牧场分别被评选为"国家优质乳工程示范工厂"和"国家优质乳工程示范牧场"。

优氏乳业加工厂被评选为
"国家优质乳工程示范工厂"

优氏欧冠牧场被评选为
"国家优质乳工程示范牧场"

（三）提升公司检测能力

优氏乳业从 2020 年起，积极安排人员参加农业农村部奶及奶制品质量安全监督检验测试中心（北京）组织的牛奶中糠氨酸、乳果糖、乳铁蛋白、α-乳白蛋白和 β-乳球蛋白等指标检测技术现场培训，优氏乳业化验室具备独立完成国家优质乳产品核心指标的检测能力。

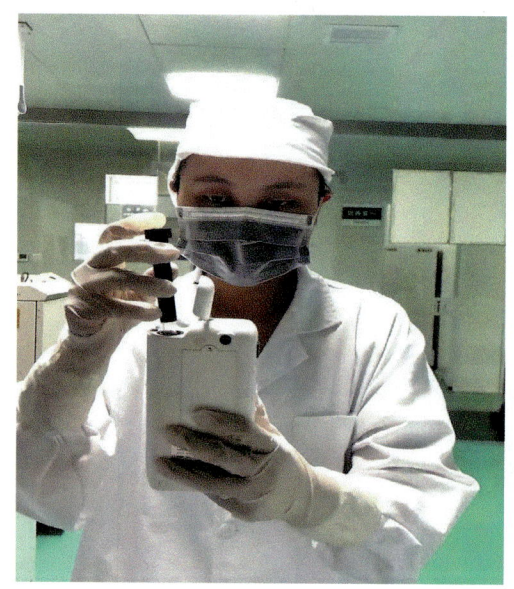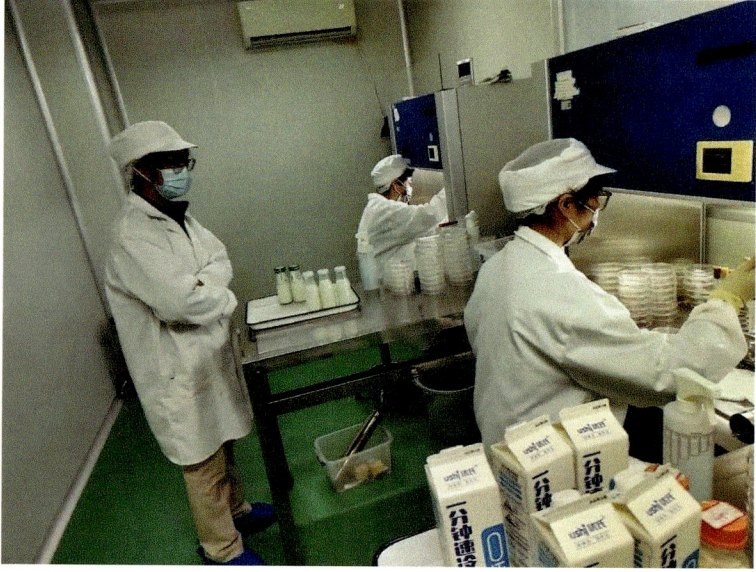

优氏乳业化验室检测人员进行优质乳产品相关指标检测（专家现场观摩指导）

（四）宣传优氏乳业国家优质乳产品

自 2022 年起，优氏乳业向社会各界开展了多次国家优质乳工程的科普宣传活动。开展优质乳公益宣传进社区及征订活动 300 多场，范围涉及湖南省各县城及长沙市主城区；持续引导消费者了解国家优质乳工程，正确认识优质乳产品，树立科学的消费观念。

国家优质乳工程社区宣传及优质乳产品征订　　国家优质乳工程进社区公益宣传画面

2022年起，优氏乳业针对通过国家优质乳工程验收的巴氏鲜牛奶产品开展了丰富多样的宣传推广活动，对优质乳产品进行全方位、立体化多种形式的宣传。

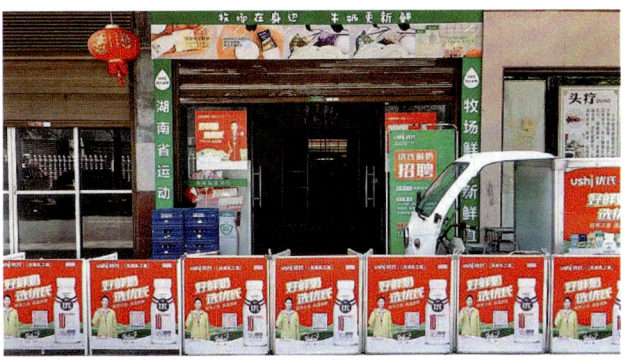

优氏鲜奶入户奶箱　　优氏鲜奶宣传促销台

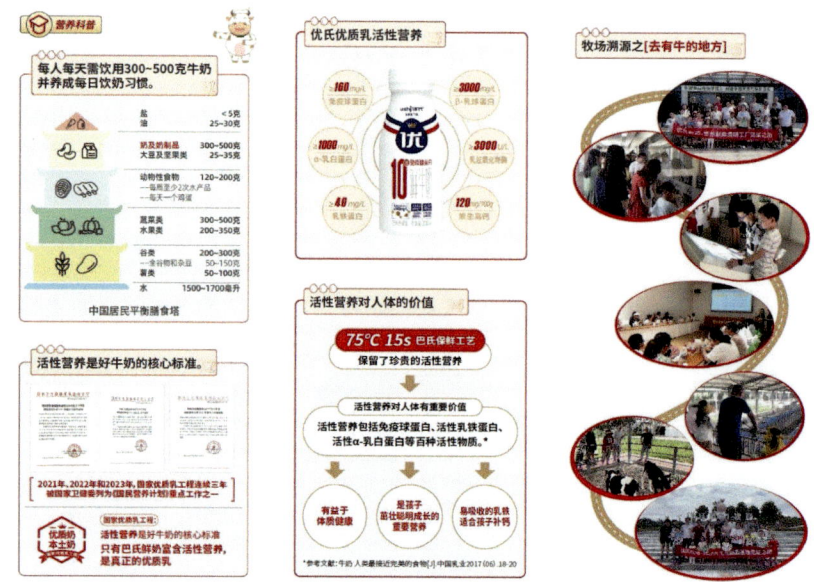

优氏鲜奶优质乳产品宣传册

优氏欧冠牧场——国家优质乳工程奶源基地溯源

企 业 名 称：天津海河乳品有限公司

优质乳企业编号：CEMA-N041

法 定 代 表 人：邹　旸

企 业 地 址：天津空港经济区经五路 158 号

一、企业介绍

天津海河乳品有限公司（以下简称"海河乳品公司"）的前身是天津海河乳业有限公司，始创于1957年，拥有60余年的历史，确立了天津奶制品市场的主导地位。为落实2013年习近平总书记考察天津时提出的"三个着力"中"着力保障和改善民生"的重要指示精神，以及天津市"十四五"规划制造业立市、打造国际消费中心城市和区域商贸中心城市的要求，不断提升企业整体生产能力和工艺水平，在天津空港经济区选址，总投资59 800万元建设海河乳品新厂，注册资本1.994亿元，占地面积62 286.2平方米。

海河乳品公司坚持以高质量发展为中心，以智能制造为基础，以市场为导向，在生产加工设备上引进了国际顶尖及国内先进乳品加工、灌装全自动生产线、自动化包装设备和国际先进工艺流程，液态奶年产量可达18万吨。现产品包含灭菌乳、调制乳、巴氏杀

天津海河乳品优质乳工程示范工厂

菌乳、发酵乳、乳饮料等五大类100余种品种，打造了以"悠冠"为商标的副品牌，以"益倍悠"为低温基础酸奶代表副品牌，以"海河牧场"和"新鲜打卡"为低温鲜奶代表副品牌。

海河乳品公司坚持以"聚焦高质量发展，创造高品质生活"为己任，按照天津食品集团一二三产业融合发展的战略部署，积极投身从饲料种植、牧场奶源、智能制造、自主研发到销售服务为一体的奶业全产业链建设。通过液体乳IFS欧盟体系认证、国家优质乳工程建设，有效提升产品品质和食品安全管理水平。不断瞄准前沿消费趋势，积极突破乳品行业发展中亟须解决的重大技术瓶颈，努力成为一家"引领健康、追求品质、用心服务"的中国优秀乳品企业。

天津海河乳品优质乳示范牧场—天津嘉立荷畜牧有限公司第十四奶牛场分公司

二、优质乳工程奶源牧场与产品介绍

嘉立荷牧业第十四奶牛场奶源通过特优级生乳认证，质量稳定，牧场到工厂的车程小于 2h，牛奶的新鲜程度更好。海河乳品公司共有 5 款巴氏杀菌乳通过国家优质乳工程验收。海河乳品公司共有 4 条生产线供应优质乳生产，旗下优质乳产品均采用 75℃、15s 的巴氏杀菌工艺，最大程度上保留牛奶中的乳铁蛋白、β－乳球蛋白、α－乳白蛋白等活性物质。

海河乳品优质乳产品名称及编号

序号	企业名称	产品名称	优质乳产品编号
1	天津海河乳品有限公司	海河新鲜打卡鲜牛奶 220mL PET 瓶	CEMA-N04101PM
2		海河牧场鲜牛奶 1L PET 瓶	CEMA-N04102PM
3		海河特优鲜牛奶 200g 玻璃瓶	CEMA-N04103PM
4		海河悠冠鲜牛奶 950mL 屋顶盒	CEMA-N04104PM
5		海河鲜牛奶 180mL 爱克林	CEMA-N04105PM

优 质 乳 产 品 名 称　海河新鲜打卡鲜牛奶 220mL PET 瓶
优 质 乳 产 品 编 号　CEMA-N04101PM
验　收　时　间　2023 年 03 月 22 日
所有指标均符合《优质巴氏杀菌乳》标准

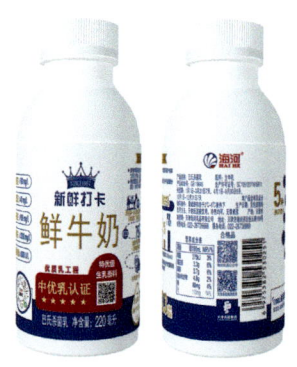

优 质 乳 产 品 名 称　海河牧场鲜牛奶 1L PET 瓶
优 质 乳 产 品 编 号　CEMA-N04102PM
验　收　时　间　2023 年 03 月 22 日
所有指标均符合《优质巴氏杀菌乳》标准

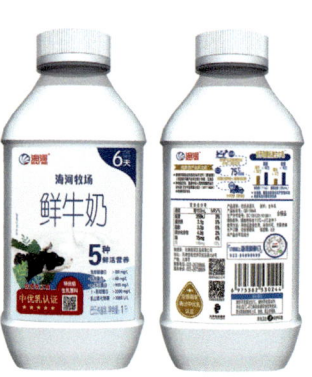

 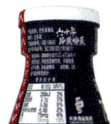

优 质 乳 产 品 名 称　海河特优鲜牛奶 200g 玻璃瓶
优 质 乳 产 品 编 号　CEMA-N04103PM
验　收　时　间　2023 年 03 月 22 日
所有指标均符合《优质巴氏杀菌乳》标准

优 质 乳 产 品 名 称　海河悠冠鲜牛奶 950mL 屋顶盒
优 质 乳 产 品 编 号　CEMA-N04104PM
验　收　时　间　2023 年 03 月 22 日
所有指标均符合《优质巴氏杀菌乳》标准

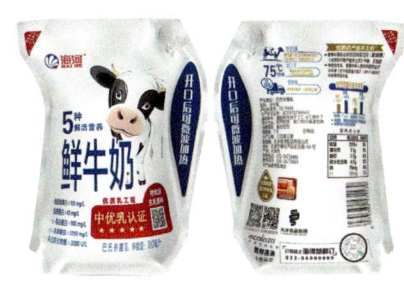

优 质 乳 产 品 名 称　海河鲜牛奶 180mL 爱克林
优 质 乳 产 品 编 号　CEMA-N04105PM
验　收　时　间　2023 年 03 月 22 日
所有指标均符合《优质巴氏杀菌乳》标准

三、优质乳工程启动

海河乳品于 2022 年 9 月 14 日向国家奶业科技创新联盟提交申请表和企业生产情况调查表等材料，申请实施优质乳工程。经过专家的现场调研与技术指导，海河乳品于 2022 年 8 月全面启动实施优质乳工程。

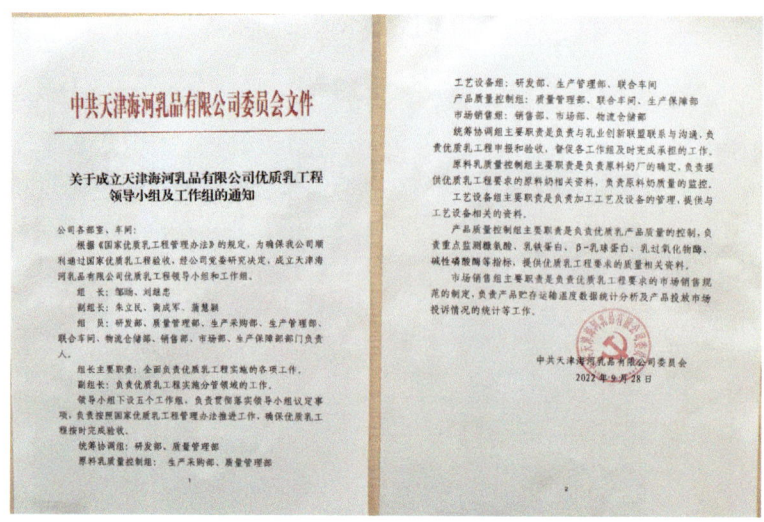

海河乳品关于成立优质乳工程小组的通知

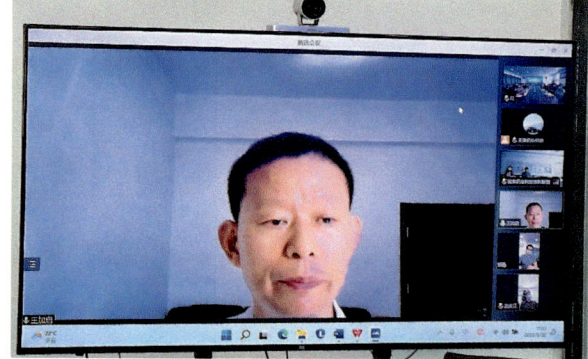

海河乳品优质乳工程启动会议（2022年9月22日）

此次启动仪式采用"线上与线下"相结合的方式进行。国家奶业科技创新联盟理事长王加启出席并讲话，国家奶业科技创新联盟秘书长张养东对优质乳工程的实施工作进行了详细指导，天津市农业发展服务中心副主任、天津市奶业科技创新协会会长孟庆江代表天津奶业科技创新协会在会议上致辞。

国家奶业科技创新联盟理事长王加启一行到海河乳品公司，围绕国家优质乳工程项目进行调研指导
（2023年2月8日）

四、优质乳工程验收

根据《国家优质乳工程管理办法》规定，国家奶业科技创新联盟委托第三方检测机构与行业专家于2023年3月对海河乳品工厂、奶源牧场开展了现场验证和验收。现场验证内容包括：产品的奶源（牧场）、加工前的投料罐原料奶和申请优质乳工程验收的每种巴氏奶产品验证，生产优质乳产品生产线的保留时间和保持温度的验证，优质乳产品储藏、运输和销售终端冷链温度的验证，牧场奶源生产管理情况、加工厂工艺参数控制、产品质量控制情况的现场查看和记录验证等。

2023年4月13日，国家奶业科技创新联盟组织专家听取海河乳品优质乳工程实施进展汇报、现场查阅企业验收资料，专家讨论后宣布其奶源、加工工艺和产品符合《国家优质乳工程管理办法》验收标准，并形成海河乳品通过优质乳工程验收的决议。

海河乳品优质乳生产线

天津海河乳品有限公司优质乳工程评价验收会（2023年4月13日）

天津海河乳品有限公司通过国家优质乳工程评审验收（2023年4月13日）

五、优质乳工程抽检

根据《国家优质乳工程管理办法》规定，国家奶业科技创新联盟委托第三方检测机构分别于2023年3月对海河乳品通过优质乳工程验收的巴氏奶产品及其奶源开展抽检工作。

海河乳品通过优质乳工程验收的全部巴氏奶产品参加联盟组织的抽检时，各项指标检测结果均符合《优质巴氏杀菌乳》（T/TDSTIA 004—2019）的规定：糠氨酸≤12mg/100g蛋白质，乳铁蛋白≥25mg/L，β-乳球蛋白≥2 200mg/L。

六、企业开展的优质乳工程宣传活动

（一）举办奶业高质量发展论坛

2023年4月22日由国家奶业科技创新联盟和中优乳奶业研究院（天津）有限公司共同主办、天津海河乳品有限公司承办的"奶业高质量发展论坛"在天津举办。

2023年，国家奶业科技创新联盟批准对优质乳工程实施认证和标志管理，这是推动我国奶业高质量发展的里程碑进展。通过实施优质乳工程认证和标志管理，做到消费者喝好奶、加工者重品质、养殖者产好奶的有机衔接，把奶业产业链一直相互割离的养殖、加工和消费利益关系，构建为消费—加工—养殖三位一体的利益联结共同体，破解了长期困扰我国奶业发展的利益联结不紧密的重大难题，闯出了推动奶业利益各方共同发展、共同富裕的新路子。

此次论坛上发布了天津海河乳品有限公司成为全国首家通过"中优乳"认证的企业成果，并现场向其颁发了国家奶业科技创新联盟批准对优质乳工程实施认证和标志管理后的首张"中优乳"认证证书。

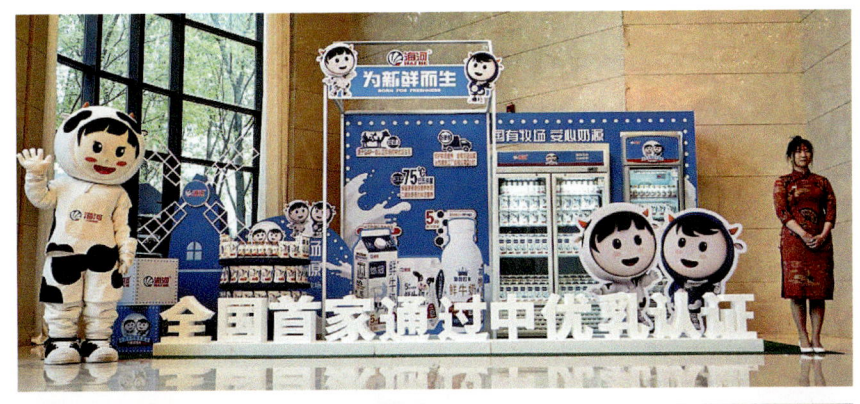

奶业高质量发展论坛现场图（2023年4月22日）

（二）海河乳品工业亲子游活动情况

2023年2月，海河乳品公司紧紧把握后疫情时代的机遇期，充分利用工业资源，积极谋划旅游线路和营销策略，与文旅局、津滨会、院校等深度合作，全面打造集参观、研学、体验等功能于一体的高品质文旅项目，形成"工业＋旅游"的新业态。

海河乳品参观走廊科普讲解现场

（三）海河乳品优质乳工程示范工厂和示范牧场

2023年4月13日，海河乳品加工厂和牧场分别被评选为"优质乳工程示范工厂"和"优质乳工程示范牧场"。

海河乳品加工厂被评选为
"优质乳工程示范工厂"

海河乳品奶源牧场嘉里荷畜牧被评选为
"优质乳工程示范牧场"

（四）提升检测能力

海河乳品公司从 2022 年起，积极安排人员参加农业农村部奶及奶制品质量安全监督检验测试中心（北京）组织的牛奶中糠氨酸、乳果糖、乳铁蛋白、α-乳白蛋白和β-乳球蛋白等指标检测技术现场培训。

通过测定盲样碱性磷酸酶、乳铁蛋白、β-乳球蛋白和糠氨酸含量，经第三方专业检测机构结果比对，海河乳品实验室具备独立完成优质乳产品核心指标的检测能力。

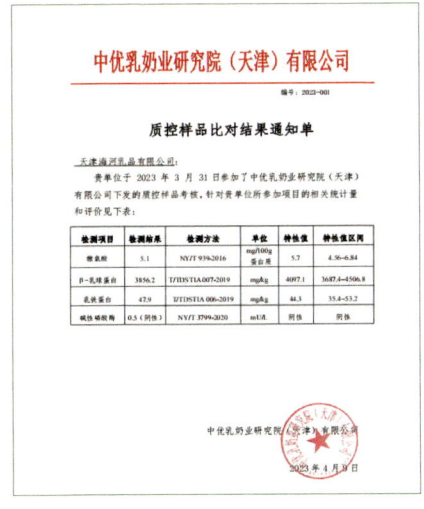
天津海河乳品实验室与中优乳奶业
研究院对质控样品对比结果

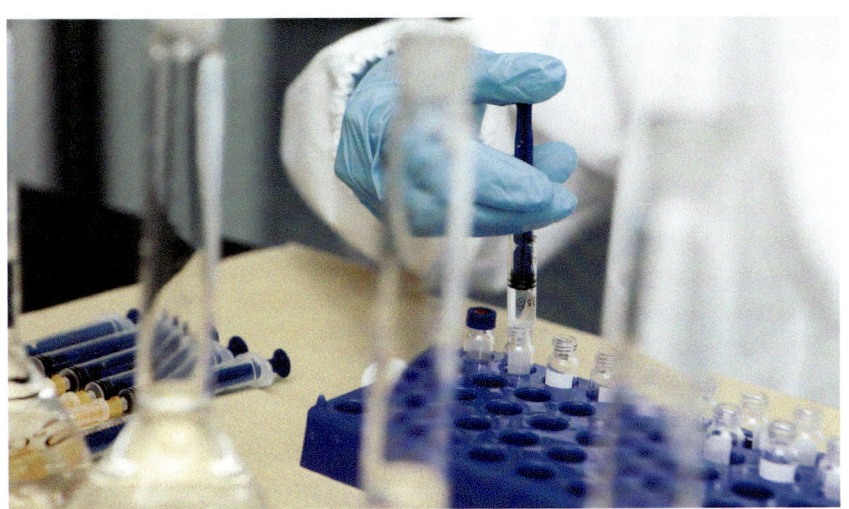
海河乳品实验室检测人员进行优质乳产品相关指标检测

（五）健全巴氏奶营销网络

海河乳品凭借稳定优质的奶源、新鲜安全的产品品质、高效的冷链配送体系，以低温鲜奶、低温酸奶产品为主导，突出"鲜价值"为核心的产品策略。组建营销突击队，线下推进1L"海河牧场"系列巴氏奶进社区，开发社区团购群，建立毛细血管式的销售网络。截至2022年底共建立130多个社区直供群，为10 000+居民提供在线咨询和订购活动，超过100个终端网点加入海河社区直供网络。

"海河新鲜订"小程序于2022年9月份试运行，试运行20余天，销售额突破100万元。

携手莎莎铺子开发"现打牛奶"的新销售模式，逐步链接起社区消费场景和周边门店、商超，实现线上线下的双向导流。